DE LA FABRICATION
DES SUCRES
EN FRANCE
ET AUX COLONIES,

PAR Mr S. BAZY,

CHIMISTE-MANUFACTURIER,
RÉGISSEUR DE LA FABRIQUE DE SUCRE INDIGÈNE
DE MM. CAPON, SELLIER, ET Cie,
A BAPAUME (PAS-DE-CALAIS);

DÉDIÉ
A SON EXCELLENCE LE MINISTRE DU COMMERCE
ET DES MANUFACTURES,
AU PROTECTEUR DE L'INDUSTRIE
ET DE L'AGRICULTURE.

PARIS,
IMPRIMERIE DE JULES DIDOT L'AINÉ,
IMPRIMEUR DU ROI,
Rue du Pont-de-Lodi, n° 6.

1829.

DE LA FABRICATION

DU

SUCRE DE BETTERAVE

CONSIDÉRÉE

DANS SES RAPPORTS AVEC L'ÉCONOMIE, L'INDUSTRIE, LE COMMERCE, ET LA POLITIQUE.

De la nécessité de ne pas réduire, au moins pour le moment, les droits sur les sucres de nos colonies et des possessions étrangères.

CHAPITRE PREMIER.

Sucreries indigènes.

L'industrie et l'activité de nos concitoyens viennent d'ouvrir une source inépuisable qui fera couler dans le pays l'abondance et des commodités sans nombre, si le ministère actuel, inspiré par les besoins de notre civilisation, ne tarit pas cette source féconde en écrasant les sucreries indigènes du fardeau nécessaire dont il allégerait les colonies.

Quoique la découverte de Margraaf n'ait pas encore reçu son complément, quoique nous soyons encore loin du point de stabilité desiré dans le mode de procéder, nous devons cependant, afin de mettre un terme aux perplexités du commerce et afin de rassurer ceux qui ont déja porté, ou qui se disposent à diriger tous leurs moyens vers l'industrie nouvelle, nous devons essayer de nous fixer autant que possible sur les encouragements que le gouvernement pourrait accorder ou refuser aux sucreries indigènes.

Il se trouve des fabricants assez peu éclairés ou de mauvaise foi pour accréditer une erreur préjudiciable à nos sucreries: quelques uns ont faussement prétendu que les manufacturiers français sont déja en mesure pour entrer en concurrence avec les colonies. Rien n'est plus absurde, moins démontré, et plus en opposition avec l'expérience de la plupart des fabricants. Ce n'est pas de nos jours que nous pouvons apprécier avec exactitude le montant des frais et des bénéfices de notre fabrication; nous ne serons définitivement fixés à cet égard que dans douze ou quinze ans. Comment la commission d'enquête pourrait-elle, en reconnaissant la nécessité d'une réduction, trouver aujourd'hui assez de faits, assez de preuves pour appuyer cette opinion qui ne tendrait à rien moins qu'à détruire l'industrie-sucre? Nous ne pensons pas qu'une pareille idée puisse jamais entrer dans la tête de l'homme qui a quelque sens et qui a observé avec fruit.

Depuis dix ans la fabrication du sucre indigène a pris une impulsion vraiment étonnante, si nous ne considérons que ce qu'elle était lorsque Bonaparte voulut le premier la faire triompher à l'aide de tous les encouragements qui étaient en son pouvoir. Les traditions ennemies de tout ce qui se présente sous un air de nouveauté poursuivirent long-temps de leurs faux moyens une industrie dans son enfance ; mais les traditions elles-mêmes succombèrent : le ridicule, cette arme si commune en France, se mit alors de la partie, mais il fut aussi écrasé sous l'évidence ; et lorsque enfin les ennemis de l'industrie nouvelle reconnurent l'impossibilité de nier l'extraction en grand du sucre de la *beta vulgaris*, ils employèrent d'autres armes. On inspira aux cultivateurs des craintes chimériques en cherchant à leur persuader que la fabrication du sucre de betterave porterait le coup mortel aux exploitations rurales. Ce funeste préjugé est maintenant répandu dans toutes les campagnes, et le paysan trompé par d'absurdes raisonneurs voit aujourd'hui avec une espèce d'horreur toutes les usines nouvelles qu'on établit. L'opinion publique aussi mal dirigée ne peut être l'interprète de nos besoins ; cette opinion, égarée au moment où l'on commença à cultiver les graines grasses dans le nord de la France, lança alors comme aujourd'hui anathème contre une industrie que quelques malveillants lui représentaient sous les couleurs les plus noires.

La méchanceté et l'ignorance ne règnent qu'un moment, et lorsque la vérité paraît au grand jour, on est obligé de se soumettre à sa puissance et de sortir de l'erreur dans laquelle l'intérêt et l'aveuglement tenaient plongé. C'est ce qui est arrivé pour les graines grasses lorsque celles-ci ont amené une révolution remarquable dans le commerce et l'agriculture ; c'est ce qui arrive aujourd'hui pour les betteraves destinées à créer une nouvelle ère pour l'industrie. On nous représente les cultivateurs comme les ennemis naturels de la fabrication : ce sont eux au contraire qui doivent en être les premiers protecteurs, à cause des avantages immenses qu'elle procurera par la suite aux habitants des campagnes. Eux seuls seront fabricants dans plusieurs années ; la fabrication deviendra la compagne inséparable de la culture, elle en deviendra l'accessoire. Nos paysans seront à-peu-près dans la même situation où se trouvent maintenant les colons ; on cultivera dans une portion de la France comme aux colonies, on cultivera, dis-je, pour fabriquer. Les bras employés chez nous sont libres, et les bénéfices de la fabrication entreprise par le moindre cultivateur lui procureront des jouissances qui lui étaient inconnues.

L'agriculture, réduite jusqu'à nos jours à une routine aveugle, cessera enfin de se traîner dans l'ornière des vieilles pratiques, au moment où le fabricant plus intéressé aux perfectionnements se mêlera de retirer de la terre ses nombreux tributs.

Les antagonistes de la fabrication du sucre ont cherché inutilement à trouver de nouveaux ennemis à cette industrie, en opposant sans cesse l'agriculture comme étant dans un état de souffrance sous l'influence de la nouvelle exploitation. Ces idées fausses, habilement semées parmi les classes nécessiteuses et peu éclairées, ont produit l'effet que les détracteurs en attendaient, et auraient peut-être entièrement découragé nos chefs d'usine, sans le zéle opiniâtre qu'ils ont déployé, et sans le succès toujours croissant à l'aide duquel ils sont presque parvenus à rendre le préjugé impuissant.

Examinons maintenant quelles sont les améliorations réelles que l'art du cultivateur peut espérer de la fabrication du sucre de betterave.

L'agriculture et tous les arts doivent, dans leur intérêt, être étroitement liés et doivent se prêter un mutuel secours. Si l'agriculture a été long-temps stationnaire, si elle a été long-temps au-dessous de cette sphère d'activité qui force la nature à produire alors même que celle-ci serait ingrate, c'est que pendant des siècles la politique féodale l'a avilie et l'a empêchée de grandir; c'est que durant un long espace de temps le mépris a été attaché aux travaux qui réclament le plus de soins et de fatigues. Lorsque plus tard les exigences d'une civilisation qui s'élevait progressivement eurent inspiré aux hommes le goût de tous les arts utiles et agréables, l'agriculture fut encore traitée avec indifférence, parceque les hommes qui ne se livraient alors qu'aux spéculations de l'esprit n'avaient pas encore cet esprit de calcul, ce besoin du positif, qui nous rapprochent plus de ce qui est vraiment utile et nous rattachent plus aux intérêts matériels des sociétés. Ces intérêts matériels des sociétés furent mieux compris à mesure que l'homme se perfectionna dans la science politique, à mesure que les ressorts du mécanisme social se compliquèrent. Les générations en se pressant, les populations augmentant dans une progression considérable, établirent entre tous les membres de la société une concurrence favorable, donnèrent aux produits du sol une valeur plus grande, établirent cette utile division des propriétés, et donnèrent enfin plus d'importance à la culture des terres, lorsqu'il y eut plus de besoins réels ou factices à satisfaire, lorsque les passions créées par les richesses réclamèrent de nouveaux aliments de luxe.

La révolution, après une lutte terrible, vint imprimer à la France rajeunie le grand mouvement social, inspira des idées nouvelles, rendit à chaque chose et à chaque individu la considération que leur refusait l'orgueil des rangs. Ce fut alors que l'agriculture reconquit son importance, sortit de l'isolement dans lequel elle se trouvait, et obtint le respect des arts nouveaux qui apparaissaient et qui étaient ses tributaires. Des industries en tous genres prirent subitement naissance; des besoins inconnus furent alors créés et formèrent le lien solide de l'agriculture et des principales branches de l'industrie humaine; le système représentatif et l'importance sociale fondée sur les droits de la propriété ajoutèrent à la dignité du citoyen cultivateur, et firent de son art le plus recommandable de tous.

On reconnut dès-lors l'agriculture comme la mère de l'industrie; tous les intérêts se trouvèrent liés à la prospérité de cette branche intéressante de l'économie sociale. C'est ainsi que nous avons vu les hommes les plus influents dans l'ordre politique se mêler de détails et de travaux qui auraient fait rougir un siècle auparavant; des pairs, des députés, des dignitaires, faisant de l'agriculture leur première étude, et y rapportant tous leurs soins et toutes leurs vues. Cette révolution remarquable opéra une heureuse fusion de la plupart des industries dans l'art du cultivateur. Le fabricant de draps, de toiles, de coton, celui qui s'occupa à d'autres travaux, qui se livra à d'autres entreprises, ne dédaignèrent pas, sinon de devenir fermiers et cultivateurs, au moins de resserrer leurs rapports avec les hommes adonnés aux travaux de la terre. La liberté amène les perfectionnements de l'agriculture, et c'est à la prospérité de l'agriculture et aux améliorations qu'elle subit que nous devons le maintien des conséquences de la liberté. L'établissement des manufactures, la création ou le développement de quelque industrie, sont les garants et la cause de l'accroissement de l'agriculture, qui produit en retour d'heureux effets dans le commerce et l'industrie, et leur donne la vie et le mouvement.

Nous ne pouvons nous dissimuler que le grand nombre de spéculations dans les graines grasses, contre lesquelles on s'est tant récrié, n'ait en effet profité beaucoup aux cultivateurs, et n'ait contribué puissamment à les enrichir et à les éclairer.

La fabrication du sucre indigène est la conséquence des progrès de notre agriculture, elle a été inspirée par elle; et c'est par la fabrication que l'agriculture marchera vers de nouvelles améliorations. L'agriculture deviendra la régulatrice et la compagne inséparable de la fabrication. Les sucreries indigènes présenteront encore l'immense avantage de pouvoir élever l'art de la culture au-dessus du rang qu'elle occupe, elles le rendront plus fécond, elles doubleront la valeur du sol, et forceront la nature à produire là où elle payait d'ingratitude les sueurs du cultivateur. La culture, confiée à des mains habiles et exercées, sera plus productive, et elle sera dès ce moment accessible à toutes les innovations reconnues utiles. Le fabricant de sucre indigène, en se donnant au travail des terres, n'absorbera pas tous ses soins et toutes ses ressources dans la culture des betteraves, les céréales et toutes les denrées d'une nécessité absolue attireront également son attention et son activité; aucune production propre au pays ne souffrira de l'introduction de l'industrie-sucre ; tous les travaux de culture, dirigés d'après un plan large, conduiront à de plus grands résultats ; en un mot la culture de la betterave, comme objet de fabrication, ne sera que l'accessoire de l'agriculture en général considérée comme principe de toute industrie, et elle sera la cause et l'incitation des découvertes qu'on pourrait faire, et des procédés avantageux qu'on pourrait adopter.

L'agriculture, réduite pendant fort long-temps à ses propres facultés, profitera des moyens que les fabricants mettront en usage pour assurer le succès de leurs entreprises. Les instruments grossiers qui servaient au travail de la terre seront remplacés par des apparcils plus simples, mieux confectionnés, et plus puissants. Le personnel et le matériel des fermes augmenteront en raison des besoins de la nouvelle fabrication. Les habitants des campagnes trouveront aussi dans l'encouragement de l'industrie-sucre des commodités et des *conforts* qui étaient inconnus à leurs chétives demeures.

L'augmentation de nos fabriques de sucre est le signè évident de la prospérité nationale ; car rien ne dénote mieux l'état d'aisance d'un peuple que l'établissement d'une industrie de luxe ou qui produit des denrées qui tiennent au superflu du système alimentaire d'une nation. Ce serait fermer en partie la source nouvelle, si l'on décourageait les sucreries indigènes. L'agriculture, comme une mère bienfaisante, serait alors pleinement récompensée de sa fécondité.

Jamais occasion plus belle ne s'est présentée de faire sortir le commerce et l'industrie de la province des langes dans lesquelles les tient le système de centralisation que la capitale exploite à son profit exclusif. Nos grandes villes acquerroient plus d'activité, les relations de notre commerce augmenteroient dans la plus heureuse proportion, et nous serions alors témoins d'un plus grand mouvement dans les affaires, sans nous voir plus long-temps soumis au joug sous lequel nous fait gémir le haut commerce de Paris. Je raisonne ici sur toutes les industries en général par analogie avec l'industrie-sucre, qui la première donnerait aux autres un élan nécessaire.

Sous le point de vue politique, entre autres avantages que la fabrication du sucre indigène offrirait aux rangs supérieurs de la société, je me contenterai d'en découvrir un seul : il s'opérerait insensiblement une plus grande division des propriétés à l'aide de l'organisation de nos sucreries ; nos grandes exploitations purement rurales seraient alors partagées en un plus grand nombre d'individus, et nous verrions presque disparaître cette agglomération de propriétés qui ne rendent jamais autant que si elles étaient soignées par plus de bras. C'est en établissant ces rapports intimes entre l'agriculture et l'industrie, et particulièrement entre l'agriculture et l'industrie-sucre, que nous parviendrions à morceler ce vaste corps de l'aristocratie nobiliaire et industrielle, et que le trop-plein de nos grandes propriétés serait versé dans le vide des petites fortunes particulières.

Mais les cultivateurs, alarmés de l'accroissement de l'industrie que je défends, objectent qu'il n'y a que les habitants des villes qui pourront en retirer quelque bénéfice; qu'ils viendront leur arracher leurs baux pour les livrer aux citadins devenus producteurs du sucre. Il me sera facile de répondre: les habitants des villes pourraient, à la vérité, venir participer aux travaux de la campagne, mais ce serait pour établir entre le cultivateur et eux des rapports intimes d'intérêt et d'industrie. Cette union indispensable servirait également la culture et la fabrication. Cependant il est plus raisonnable d'admettre, dans la situation des choses, que le cultivateur serait le chef naturel de la fabrication du sucre indigène. Cette industrie ne peut pas être considérée à part, elle rentre dans le domaine de l'agriculture et n'en est que l'accessoire. La fabrication ne doit être à l'agriculture que ce que la culture des céréales ou celle de toute autre denrée est à l'agriculture en général. Les grandes exploitations rurales ne seront pas confondues dans la fabrication, au contraire celle-ci viendra de l'autre. La ferme ne sera pas dans la fabrique, mais bien la fabrique dans la ferme. La fabrication ne fera pas négliger la culture, au contraire elle l'excitera et l'étendra en même temps.

Avant peu nous verrons chaque ferme avoir sous sa dépendance une fabrique de sucre indigène, devenue partie essentielle de l'exploitation rurale: on fabriquera bientôt du sucre dans toutes les fermes, à-peu-près comme on y cultive les céréales pour les fournir aux marchés et pour satisfaire la consommation particulière.

Pourquoi les cultivateurs se récrieraient-ils, lorsqu'on ne cherche qu'à leur faciliter la jouissance d'une denrée utile? C'est sur-tout sous cet aspect que la fabrication me paraît réunir tous les avantages: elle soulagera les hommes peu aisés, leur fera partager le superflu dont jouissent les riches, et favorisera l'agriculture et la propriété en augmentant la valeur du travail et celle du foncier.

CHAPITRE II.

Colonies. Comptoirs.

Alors même que le gouvernement se déciderait à neutraliser l'industrie-sucre en France, en faisant passer la loi de réduction sur les sucres étrangers, l'industrie frappée ne tarderait pas à renaître. Comme cette industrie est dans notre sol et appartient au génie de la nation, toutes les lois du monde, sur-tout lorsqu'elles sont fausses, ne peuvent rien contre ces choses; le peuple se rappelant la facilité de l'extraction se mettrait à fabriquer pour son compte. Chaque consommateur deviendrait producteur, les sucreries des colonies seraient alors frappées de nullité à cause du besoin où chacun se trouverait de suppléer aux produits coloniaux. En écrasant nos fabriques, on aggraverait encore la situation de nos colonies, en mettant chaque particulier dans la nécessité de devenir fabricant pour lui-même. Mais avant que la fabrication ne soit populaire, qu'elle ne soit une opération entièrement domestique, le consommateur peu aisé se trouverait peut-être privé d'une denrée précieuse, si les sucres étrangers, déchargés de l'impôt, avaient toute liberté d'exercer le monopole dans l'état de dépérissement de nos fabriques, encore incapables pour le moment de soutenir la concurrence. Frapper l'industrie nouvelle en France ce serait commettre un acte de la plus grande impopularité; car, malgré les oppositions contre notre fabrication, le besoin et l'intérêt feraient mieux sentir l'abus du droit qu'on accorderait aux sucres étrangers d'entrer en concurrence. En se comportant ainsi, on attaquerait le peuple dans ses goûts et son intérêt propres, et nous savons combien une pareille situation présente de dangers.

Malgré l'extension que la nouvelle fabrication

a prise parmi nous, et malgré les progrès rapides qu'elle a faits dans ces derniers temps, il se trouve encore des gens assez peu éclairés pour mettre en question l'extraction en grand du sucre de la *beta vulgaris*. La seule difficulté que l'on puisse encore élever de nos jours, c'est que les procédés d'extraction ne sont pas définitivement fixés: mais est-ce à dire, pour cela, que l'extraction est incertaine? et lorsque chaque jour nous voyons la science enrichir de ses découvertes l'art du fabricant, pourrions-nous, par un aveuglement ridicule, nous refuser d'admettre que nous ne sommes pas éloignés du moment où l'extraction du sucre, reposant sur des principes invariables, sera enfin débarrassée de toutes ces incertitudes et de toutes ces anomalies qui arrêtent ou rebutent quelques fabricants. Quelques personnes allèguent que c'est une chimère de vouloir entrer en concurrence avec les sucres des colonies, et que jamais nous ne parviendrons à supplanter les produits coloniaux. D'abord ces hommes méticuleux, que leur scepticisme fait passer pour sages, croient trouver dans les questions de commerce et d'agriculture des solutions favorables à leurs préventions. Il ne me sera pas difficile de leur prouver que leur calcul est en défaut. On nous objecte que les planteurs indiens ont beaucoup plus de facilités que nous pour la culture, qu'ils ont presque pour rien leur main d'œuvre. Oui, sans doute, les esclaves ne se livrent aux travaux des plantations que pour le misérable morceau de pain que leur accorde le bon plaisir de leurs maîtres; mais c'est précisément là que se trouve l'abus, c'est là même où je découvre l'élévation du prix dans la main d'œuvre; car l'économie n'est pas dans la modicité de la récompense ou du salaire accordé à l'ouvrier, mais dans ce qu'on peut attendre de son zèle et de son activité. En un mot, le travail de l'ouvrier est la seule nature de l'économie. En effet, je ne trouve aucun intérêt à ne donner que trois sous par jour à un ouvrier, s'il ne travaille que pour deux, et j'aurai plus de bénéfice à en donner douze ou quinze à celui qui emploiera utilement toute sa journée. Or, je le demande, quelle espèce de travail, quelle confiance peuvent espérer les planteurs des malheureux que la seule puissance du bâton peut résoudre au travail? Le planteur, par une condition malheureuse de l'état de servitude, perd encore les infortunés qu'il destine au labeur. L'apathie de ces pauvres gens tient à la violence de leur état. Tout le temps de nos ouvriers est rempli, parceque chez eux il y a émulation et espérance du succès, parceque le maître, au lieu de les forcer au travail, le leur fait aimer.

Le commerce et l'industrie, en des mains serviles, ont été de tout temps dans un état de souffrance et d'inertie. C'est là ce qui a toujours fait la supériorité des peuples libres, et ce qui a empêché les nations esclaves de soutenir long-temps la concurrence avec eux. Le génie de la liberté produisit à Tyr ce qu'une industrie entravée par l'esclavage et l'esprit de monopole n'avait pu faire chez les nations commerçantes, rivales de cette grande cité. Tyr, avec moins de bras, avec un sol moins riche, fut long-temps en possession du sceptre industriel, et rendit même tributaires les peuples qui rivalisaient avec elle. Pour mieux nous rendre compte des avantages que les fabricants européens ont sur les planteurs indiens, établissons, aussi exactement que possible, les frais auxquels on peut être entraîné dans les établissements continentaux et dans ceux d'outre-mer.

Supposons une usine et une plantation qui, employant deux cents esclaves, procurent deux cent mille livres de sucre par an. Chaque esclave devra gagner au moins quatre à cinq sous par jour pour sa subsistance; or, remarquons, en passant, que ces cinq sous valent au moins dix de nos sous; deux cents multipliés par cinq donnent 50 fr. Ainsi les deux cents ouvriers coûtent 50 fr. par jour. Mais sur ces deux cents ouvriers, il en est beaucoup qui sont dans l'impossibilité de travailler, soit que les maladies si communes dans le nouveau continent, soit que le dégoût ou les mauvais traitements les éloignent de leurs occupations. Maintenant que l'on porte à cinquante le nombre d'ouvriers esclaves absents (certes ce n'est pas trop, si l'on considère la condition des esclaves dans les plantations), on aura 50 — 5 — 12 fr. 50 cent. à ajouter aux frais de main d'œuvre par jour : je dis à ajouter, car un planteur ne peut laisser mourir de faim les esclaves malades employés à sa plantation et leur tient compte de leur journée indispensable à leur existence. Qu'on observe de plus les pertes que doivent causer les esclaves maltraités et ennemis de leurs tyrans, celles que font éprouver les retards dans la confection occasionés par la mort fréquente et subite des esclaves. Qu'on ajoute à tout cela ce qu'il en coûte au planteur pour se les procurer, et nous arriverons sans peine à ce résultat; qu'une plantation qui fournit annuellement deux cent mille livres de sucre exigerait par la suite autant de frais qu'une exploitation de même importance chez nous. Ce n'est pas que je veuille soutenir que nos usines soient aujourd'hui en état d'entrer en concurrence avec les colonies; loin de moi cette pensée! mais je crois pouvoir affirmer que les sucreries indigènes pourront, avant dix ans, travailler concurremment avec nos colonies.

Dans une usine française de même importance que la plantation indienne dont nous venons de parler, c'est-à-dire qui donnerait aussi par année deux cent mille livres de sucre, on n'aurait pas besoin, à beaucoup près, d'un aussi grand nombre d'ouvriers. Si l'usine et la plantation au Nouveau-Monde employaient deux cents esclaves, notre fabrique française, d'une importance égale, n'exigera tout au plus que cent ouvriers; car il est incontestable que notre ouvrier français surpasse de beaucoup en intelligence, en activité et en émulation, le malheureux ilote de l'Amérique: je n'exagère pas en disant qu'un de nos ouvriers fait autant à lui seul que deux esclaves sans cesse rebutés du travail. En supposant même que chaque ouvrier ne coûtât, l'un dans l'autre, que vingt sous, il s'ensuivrait que cette usine coûterait encore moins pour la confection de deux cent mille livres de sucre, qu'une usine indienne.

Il résulte de tout ce qui précède que nos sucreries indigènes, n'étant pas encore en état de produire avec les mêmes avantages que nos colonies, réclament une protection spéciale. Cette plus grande facilité de nos colons pour produire les sucres vient de l'état d'esclavage des hommes chargés de la fabrication. Mais que cet esclavage vienne à disparaître, et les producteurs européens l'emporteront sur les producteurs étrangers. Dans une fabrique européenne, le manufacturier n'a plus à sa charge l'ouvrier libre qui travaille pour lui, dès qu'il est malade; ce qui ne peut avoir lieu aux Indes où un planteur est tenu d'alimenter ses esclaves dans toutes les situations, comme il est intéressé à nourrir ses bestiaux. Ainsi donc un fabricant de sucre indigène dépense plus, pour le moment, pour la culture et la fabrication que ne le fait le planteur indien dans ses plantations et la confection du sucre. On a même pu s'apercevoir que, dans le compte précité, j'ai traité avec une économie partiale le fabricant français. Mais, en posant même toutes les hypothèses favorables aux planteurs indiens, je demanderai aux partisans des produits coloniaux ce que deviendraient les planteurs, si jamais il prenait envie de s'affranchir aux esclaves qui servent aux plantations. Pourraient-ils encore l'emporter sur nous par une économie considérable sur la main d'œuvre? je ne le pense pas; d'ailleurs, nous avons déja prouvé que cette économie dont on parle si haut est entièrement illusoire. Que les planteurs y prennent garde, les sucreries d'Amérique ne sont pas destinées à être éternellement exploitées par des mains esclaves. Tôt ou tard le génie de la liberté inspirera les infortunés dont la misérable existence est aujourd'hui la propriété de quelques hommes.

On l'a dit, et l'expérience l'a depuis confirmé: « La liberté fait le tour du monde. » J'ajouterai: la liberté ne tardera pas à pousser ses germes féconds dans les ames avilies maintenant par le malheur et l'esclavage. C'est se méprendre grossièrement que de croire que jamais les productions coloniales ne pourront nous manquer, et que nous devons par conséquent leur accorder la préférence sur les sucres indigènes, parceque, nous dit-on, cette source de richesses n'est pas encore découverte en Europe : ne nous laissons pas endormir dans une folle confiance; rien n'est plus incertain que l'existence des sucreries indiennes et des autres sucreries, et le moindre événement pourrait en priver le continent européen. Que l'insurrection gagne les esclaves qui sont employés dans les sucreries d'Amérique et des Indes, que toutes ces hordes qui sont comme le bétail des planteurs viennent à se rendre indépendantes de leurs tyrans, qui pourra m'assurer les produits des sucreries privées de bras? Comment les insurgés pourraient-ils devenir membres intéressés de la société sans porter atteinte aux droits établis des premiers propriétaires? Que ces mêmes esclaves devenus libres demandent aux planteurs le salaire qui convient à des hommes libres; que deviendront ces planteurs avides qui fesaient travailler leurs esclaves sans autre obligation que celle qu'ils contractent envers leurs bêtes de somme? est-ce alors qu'ils pourraient soutenir la concurrence des sucreries européennes? Il me semble que dans ce cas toute concurrence leur deviendrait impossible avec nos fabriques. Le planteur, obligé de se servir de mains libres, verrait tout-à-coup augmenter sa main d'œuvre, et serait dans la nécessité de donner un salaire qui égalerait celui de nos ouvriers européens. Dans les pays naissants, où les espéces monnayées sont plus rares, et ont par conséquent plus de valeur, un salaire même moindre, donné aux ouvriers indiens, pourrait être aussi considérable qu'un salaire plus élevé accordé à nos ouvriers européens. Cependant, à considérer sainement la question, les planteurs indiens perdraient moins à faire exploiter leurs usines et leurs plantations par des mains libres que par des mains esclaves. Il nous est facile d'observer que les dépenses pour les ouvriers étaient en apparence peu considérables, mais que mille incidents, tels que l'entretien des esclaves pendant leur maladie, la perte occasionée par la mort des esclaves achetés à grands frais, le peu de travail qu'on peut attendre d'hommes maltraités; toutes ces causes réunies élèvent dans une proportion fort grande le salaire apparent, et le font monter au moins du double. Au lieu que chez nous un fixe est alloué à chaque ouvrier, et jamais il n'est dépassé. Nous voyons que le calcul des partisans des coloniales est entaché d'erreurs, et que si les planteurs ont un avantage, c'est d'exploiter avec des bras libres. Nous allons bientôt découvrir que dans ce dernier cas les planteurs ne pourraient venir au pair avec nos fabriques. Cette assertion est à l'abri de toute contradiction; car les planteurs travaillant sous les mêmes conditions et dans les mêmes circonstances que nos fabricants, ne confectionneraient pas avec plus d'avantages, et ils auraient de plus le prix du mouvement de leurs sucres, produits dans un autre hémisphère. C'est précisément parceque les planteurs étrangers et de nos colonies et les fabricants de sucre indigène ne se trouvent pas dans les mêmes circonstances et soumis aux mêmes conditions, puisque d'un côté on fabrique avec des mains esclaves et d'un autre avec des mains libres; c'est précisément parceque les conditions ne sont pas les mêmes maintenant pour les colons et nos fabricants, que ceux-ci, qui sont dans les circonstances les moins favorables, doivent être favorisés plus spécialement, et qu'on doit appuyer leurs opérations d'une législation répulsive avec modération des produits des colonies et des comptoirs étrangers. J'appelle cette protection sur les sucreries indigènes, en partant du principe admis par les partisans même des coloniales. Quoi de plus contradictoire, quoi de plus dérisoire que d'entendre proférer sans cesse avec affectation le mot de liberté, que d'entendre réclamer l'abolition des lois qui resserrent le commerce étranger par les mêmes hommes qui violent chez eux les droits les plus sacrés de la liberté naturelle, par ces colons qui n'entendent la liberté que pour eux seuls? Que les hommes qui veulent poser les bases d'une liberté générale du commerce et de l'industrie commencent par restituer à l'homme ses premiers droits, qu'on ne lui conteste plus sa liberté. C'est là ce que redoutent les producteurs d'outre-mer, car l'une des premières conditions de leur prospérité, c'est l'esclavage.

Nous avons montré jusqu'ici que le planteur ne pourrait venir au pair avec nos fabriques, en admettant que les bras qui produisent aujourd'hui le sucre au-delà des mers soient débarrassés de leurs chaînes. Dans l'exposé que nous avons donné plus haut, nous n'avons tenu compte que des frais de main d'œuvre, nous allons actuellement mettre en balance les dépenses assez considérables auxquelles est entraîné le planteur qui expédie les sucres en Europe. Toutes ces dépenses, que ne supportent pas nos fabriques, détruisent la balance établie entre les usines étrangères et les européennes, en supposant que les circonstances ne soient pas les mêmes pour elles. Je veux parler des frais de frêt et d'assurance de mer auxquels les colons ne peuvent se soustraire.

Les sucreries indiennes ne peuvent pas davantage entrer en comparaison avec les nôtres pour la promptitude et l'économie de la confection. Une grande quantité de matière première doit être gâtée ou perdue par la maladresse ou la mauvaise volonté des esclaves dans les usines indiennes, où l'on ne peut rencontrer que des *ouvriers-machines*. Toutes les opérations doivent s'y faire avec la plus grande lenteur, et l'on doit souvent y rencontrer de grands obstacles, à cause de l'imperfection des machines employées. Dans nos fabriques d'Europe, l'activité et l'émulation des ouvriers et le système des machines à vapeur nous garantissent non seulement l'économie et de plus beaux produits, mais encore une grande promptitude dans les opérations, de laquelle les planteurs n'approcheront que lorsque travaillant avec des bras libres, ils ne pourront plus nourrir la métropole. Mais je veux que tous les inconvénients signalés qui appartiennent aux sucreries indiennes n'existent pas, et que celles-ci réunissent réellement tous les avantages et l'emportent sur les sucreries européennes, nous n'en serions pas moins encore forcés par une raison supérieure de chercher dans la richesse de notre sol de quoi remplacer les productions coloniales. Au moindre signal de guerre, les sucres étrangers ne pourraient plus approcher de nos ports, et nous serions réduits à nous priver de l'aliment le plus utile et le plus agréable, aussi long-temps que dureraient les hostilités. L'industrie humaine est capable des efforts les plus prodigieux, et quand la nature nous favorise de toutes manières dans notre belle Europe, n'y aurait-il pas une sorte de honte à négliger de suffire à nos besoins? Pourquoi aller chercher au-delà des mers ce que nous pouvons facilement trouver dans notre sol?...

CHAPITRE III.

Commerce extérieur. Compagnies des Indes.

Au moment où la société renferme tant d'éléments de vie, où des institutions grandes et utiles devraient imprimer une puissante impulsion au corps social, toutes les ressources sont entravées, toutes les espérances sont presque détruites, et les bras nombreux que l'industrie et le commerce allaient employer sont, pour ainsi dire, enchaînés par les nouveaux rapports qu'il est question d'établir avec le commerce étranger. Sous toute autre administration qui régit maintenant la France, nous pourrions concevoir des craintes. Le ministère pénétré des besoins de l'époque n'hésite pas à résoudre la grande question soulevée par la révolution, et reconnaissant enfin les fondements de la prospérité commerciale, sait que pour encourager un peuple actif il faut le distinguer de ses rivaux dans la dispensation des droits qu'il doit accorder à chacun. La France est comme ce corps vigoureux qu'une trop longue inertie énerve et conduit enfin à une entière désorganisation. Pour lui rendre la vie, on doit remonter ses ressorts principaux en étendant le système manufacturier. La condition essentielle de notre existence politique, c'est ce mouvement vital, cette activité du commerce et de l'industrie sans lesquels les sociétés tombent dans l'épuisement et le mépris. Le ministère va enfin fixer toutes les incertitudes et toutes les destinées en consolidant le nouvel édifice industriel qu'il a déja commencé pour sa gloire. Les demi-concessions calculées sur des vues timides ou craintives porteront des fruits amers au milieu de nous. Que la défiance et l'anxiété disparaissent, et que le gouvernement se rende aux vœux généraux en satisfaisant aux exigences du présent. On nous menace de frapper l'industrie-sucre d'une sorte de réprobation en diminuant les droits d'entrée des productions coloniales; il serait plus sage et plus utile d'imposer les sucres indigènes dans le rapport de l'augmentation des droits qu'on adopterait pour les coloniales. Non, le ministère est trop bien inspiré; il est trop prévoyant pour consentir jamais à une mesure destructive; il apprécie trop bien les conditions véritables de la prospérité nationale, pour vouloir encore se jeter tête baissée dans le gouffre des spéculations des Indes. Nous ne sommes pas éloignés de l'époque où chaque peuple, naturalisant dans son propre sol les produits qu'il ne tirait qu'à grands frais des peuples maritimes, s'affranchira d'un tribut onéreux. Sous peu les denrées dont le mouvement fait aujourd'hui toute la richesse des nations des îles qui partagent la domination des mers resteront dans les pays qui les auront produites, parceque sous un grand nombre de latitudes on fabriquera les marchandises qui nous viennent par le commerce interlope. Les exportations diminueront dans quelques années et deviendront même nulles; c'est alors que la navigation anglaise succombera, et que notre industrie et notre prospérité intérieure nous mettront en état de lutter avec avantage contre notre rivale de commerce et d'industrie. Nous n'arriverons à ce résultat que lorsque nous voudrons nous désister de nos folles prétentions sur le commerce des Indes et des colonies. Une loi qui tendrait à diminuer les droits d'entrée des coloniales, en favorisant leur importation aux dépens de nos fabriques, serait une véritable *loi de prohibition sur nos sucres.*

Tous les gouvernements qui sentent les véritables besoins de l'époque ont dû renoncer à une politique illusoire, et ont reconnu que leur force et leurs richesses sont dans le pays même, et qu'aller les chercher ailleurs c'est se préparer des causes de ruine. Ce qui pouvait être une question pour le quatorzième et le quinzième siècle n'en est plus une pour le nôtre qui a créé de nouvelles vues et de nouveaux besoins. Tous les hommes éclairés sont maintenant d'accord sur le peu d'avantages qu'il y a à faire dépendre la richesse nationale du commerce précaire des colonies. Lorsque les arts, l'agriculture et le commerce étaient encore dans l'enfance en Europe, le besoin de suffire à un luxe naissant, autant que la nécessité de se civiliser par les communications, faisait une loi aux habitants de cette partie du monde d'aller chercher dans un autre continent tous les biens que leur refusait non l'ingratitude de leur sol, mais bien l'imperfection de leur police. Aujourd'hui que notre civilisation est avancée, et que les arts se perfectionnent, les émigrations dans les Indes deviennent inutiles. C'est en agissant avec cette sagesse que nous resterons corps de nation, et que nous n'épuiserons pas le pays.

Les Espagnols et les Portugais, entraînés moins par des vues de commerce que par l'héroïsme chevaleresque qui était à la mode au quatorzième siécle, se précipitèrent dans les deux Indes plutôt comme des brigands que comme des voyageurs et des commerçants, et, après avoir mis à feu et à sang ces malheureuses contrées, établirent une puissance formidable. La soif de l'or ne se trouvant pas encore satisfaite par l'épuisement des mines du Nouveau-Monde, ils devinrent commerçants, parcequ'une avidité insatiable les rendait entreprenants toutes les fois qu'il y avait à gagner. Le commerce d'outre-mer produisit les funestes effets qu'on devait en attendre; toutes les vues, toutes les ressources se dirigèrent vers les Indes. Tout le monde, excité par l'appât d'une fortune brillante et rapide, voulut faire tous les sacrifices pour s'enrichir aux Indes. Cette cruelle manie fut utile à quelques uns et causa la ruine d'un plus grand nombre. On ne voyait plus qu'aventuriers qui allaient chercher fortune loin de leur patrie, et que la misère et le manque de réussite y faisaient ensuite refluer. Ces émigrations fréquentes, la sortie d'un immense numéraire, l'inquiétude continuelle du peuple, s'opposaient dans l'intérieur du pays à l'esprit d'amélioration, et engendraient dans la métropole la plus funeste langueur. Aux Indes une misère extrême se faisait remarquer à côté d'une opulence extrême. En Espagne et au Portugal il n'y avait plus une seule source de richesses, et le peu d'or qui était resté dans ces pays était enfoui dans les couvents et les églises. Le gouvernement lui-même eût été dans l'impossibilité de se soutenir sans les tributs sanglants qui lui arrivaient du Mexique et du Pérou. Malgré le mouvement général imprimé à ces deux nations, il n'y avait peut-être pas en Europe (rigoureusement parlant) de peuples plus misérables que les Portugais et les Espagnols. Cadix et Lisbonne étaient les seules villes de l'Espagne et du Portugal qui se ressentissent un peu du commerce avec les Indes. Le reste du pays était plongé dans une inertie complète. L'Espagne n'a retiré que des maux presque incurables de ses expéditions et de sa domination lointaines. Le commerce des colonies, et les tributs immenses qu'elle avait dans les pays de son obéissance, persuadèrent à ses habitants qu'ils n'avaient plus besoin de s'occuper, que d'autres peuples étaient destinés à satisfaire leurs besoins et leur luxe. Cette fausse idée inspira au peuple espagnol cette fierté dangereuse et engendra en lui cette orgueilleuse paresse dont il n'est pas encore corrigé.

Dès-lors il n'y eut plus en Espagne que deux classes; le gouvernement et ses salariés, et un peuple nombreux qui traînait une existence misérable dans une superbe oisiveté. Nul commerce intérieur, la privation des choses les plus nécessaires à la vie; chez le peuple le dégoût de la culture et de tous les arts; telles furent les conséquences du commerce exclusif des colonies, qui enchaînaient toutes les facultés de la métropole. Les colonies ont fait à l'Espagne une plaie profonde qui ne sera peut-être pas fermée dans un siècle.

Les Anglais et les Français succédèrent, avec des vues plus sages, aux Espagnols et aux Portugais dans la domination des Deux-Indes. Les deux gouvernements, qui s'attendaient d'abord à une prospérité sans bornes, épuisèrent vainement une partie de leurs ressources pendant quelque temps. On se battit long-temps pour des intérêts de commerce; et durant ces démêlées les métropoles firent de grands sacrifices, ce qui n'empêcha pas le commerce intérieur de languir. Le même vice qui avait corrompu le commerce des colonies sous les premiers tyrans des Indes discrédita, sans diminuer la manie de l'époque, le commerce exclusif qu'on faisait avec les colonies.

Les gouvernements n'avaient de sollicitude que pour le commerce d'outre-mer; toute leur attention, toutes leurs ressources étaient dirigées vers lui; et tandis que rien ne pouvait éloigner leurs regards du fantôme qu'ils s'étaient créé, les métropoles se trouvaient dans un état de malaise et souffraient des sacrifices gratuits auxquels les gouvernements les forçaient, l'industrie et le commerce ne pouvant se développer à l'intérieur, et ne trouvant pas le moyen de couvrir le déficit qu'entraînaient les dépenses nécessaires au soutien des colonies.

Il ne pouvait y avoir d'échange entre la métropole et celles-ci, puisque l'industrie nationale resserrée et découragée produisait peu. Nous fûmes donc obligés de verser une grande partie du numéraire de la métropole dans les colonies, sans que les ressources qui nous étaient propres nous permissent de regagner par voie d'échange tout l'or et l'argent que nous avaient enlevés les productions coloniales.

Le gouvernement, adoptant enfin une politique plus sage, renonça peu à peu à ses nombreux comptoirs, de peur d'être lui-même précipité dans l'abyme où étaient tombés les particuliers qui s'étaient livrés à de fausses entreprises.

Colbert, celui de tous nos ministres qui après Sully a le mieux compris les véritables intérêts de la France, ne se laissa pas long-temps séduire par le fantôme après lequel tout le monde cherchait dans les Indes, et tourna toutes ses vues vers la France, persuadé que le gouvernement puiserait de plus grandes ressources dans le sol et le génie des habitants que dans les chances d'un commerce éloigné qui épuisait inutilement la métropole. Il est prouvé que les recettes de la compagnie française des Indes depuis 1664 jusqu'en 1684, c'est-à-dire en vingt ans, ne s'élevèrent pas en totalité au-dessus de 9,100,000 livres. On a vu dans certaines années les dépenses de nos compagnies excéder les bénéfices. La France a fait sagement de considérer l'industrie nationale comme la première source des richesses; maintenant elle doit s'appliquer, en suppléant autant que son industrie le lui permet aux productions coloniales, à contre-balancer la puissance de l'Angleterre, qui est le monopole du commerce d'outre-mer.

Il faudrait, ce qui est impossible, que le commerce des Indes fût divisé entre toutes les puissances européennes; autrement si l'une d'elles, l'Angleterre par exemple, veut faire un commerce presque exclusif dans ces pays, cette puissance s'enrichira aux dépens des autres, qui versent leur numéraire en raison directe de l'imperfection de leur industrie.

L'Angleterre, maîtresse des Indes, y dispose d'une grande partie des fonds du reste de l'Europe. La saine politique oblige donc toutes les nations rivales, et principalement la France, à se passer des productions d'outre-mer qu'elle peut trouver dans son sol, à employer pour l'industrie nationale les fonds qui vont s'engloutir pour ses besoins dans les Indes, en remplaçant par ses ressources industrielles les productions que les colonies lui vendent. Le gouvernement doit donc se faire un devoir de seconder toutes les industries nouvelles capables de balancer la puissance commerciale de l'Angleterrre dans les Indes.

L'intérêt du gouvernement comme celui d'une portion intéressante de la classe industrielle lui fait une loi de favoriser l'industrie-sucre, et de rassurer les hommes actifs disposés à faire servir leurs capitaux et leurs lumières, en maintenant les droits établis sur les colonies.

Le ministère ne peut méconnaître ses premiers intérêts en adoptant une politique ruineuse qui lui conseillerait d'anéantir l'industrie-sucre, car telle serait la conséquence inévitable de la réduction des droits sur les sucres des colonies. Rien ne pourrait excuser son ingratitude envers le pays, pas même la politique ou l'intérêt *particulier* des gouvernements du moyen âge que le ministère précédent s'efforçait de mettre en vigueur. Le gouvernement, en frappant l'industrie nouvelle, ne tarderait pas à recevoir lui-même un contre-coup funeste ; et en usant le ressort principal de la puissance des états, il réduirait à l'impuissance le mécanisme compliqué dont il doit être le moteur principal. Il y aurait dans l'administration le même délire que dans cette mère dénaturée qui insinue dans son sein un poison subtil, pour y donner la mort au fruit malheureux qu'il renferme. C'est en augmentant et en améliorant l'industrie qu'on augmentera la part que le peuple doit prendre aux affaires politiques.

Il n'est plus temps que les arbitres des nations s'abusent sur les conditions véritables de leur stabilité : la force des hommes chargés de veiller sur nos destinées est intimement liée à la prospérité des peuples ; mais les garanties de cette prospérité doivent être solides, les bases sur lesquelles on veut l'établir doivent être inébranlables : mais ce n'est pas en aventurant une partie des richesses de l'état sur un élément dangereux pour aller soutenir dans des parages éloignés un commerce mal assuré, ce n'est pas en taxant les aliments du luxe européen de l'esclavage qui peut cesser un jour ou l'autre, et du monopole odieux qui pèse sur les deux Indes, que le gouvernement et les peuples auront des garanties suffisantes de leur stabilité et de leur prospérité.

L'Angleterre, ce colosse en apparence si redoutable et en effet si faible, a bien reconnu que son omnipotence commerciale ne serait plus de longue durée; elle redoute maintenant avec raison que l'impulsion imprimée par la liberté aux deux Amériques ne se communique aux Indes orientales, et ne renverse enfin la plus belle portion du grand édifice qu'elle a élevé sur la liberté d'un grand nombre de peuples. Voilà ce qui rend l'Angleterre si avare d'institutions pour les autres peuples, et ce qui la rend si prodigue de liberté pour elle-même. Voilà le secret de ces réactions étonnantes dont la Grèce et le Portugal ont été le théâtre sous l'influence de la politique du cabinet de Saint-James.

La Grande-Bretagne a prévu sagement ce qui pouvait lui arriver, et s'est mise en mesure de réparer le coup terrible que la liberté lui portera sous peu aux Indes, en favorisant chez elle tous les arts utiles et agréables, et en rendant quelques nations européennes tributaires de son industrie. C'est avec ces vues vraiment grandes que le peuple anglais peut espérer de pouvoir jouer encore en Europe un rôle important, lorsqu'il ne sera plus en possession de son sceptre d'or.

Les Hollandais songèrent un peu tard à remédier à leur ruine dans les Indes par des moyens qui leur étaient propres. Le moment fatal arriva, ce peuple fut forcé de renoncer à son *courtage* des Indes en faveur des Anglais, ses rivaux, qui devaient être pendant quelque temps les *facteurs* de l'univers.

Enfin les Hollandais, après avoir possédé pendant quelque temps un pouvoir éphémère, après avoir obéré l'état et les particuliers, et contrarié l'industrie nationale par des sacrifices qui surpassaient ses forces, posèrent les fondements d'une puissance moins éclatante et plus durable en trouvant des ressources inépuisables dans un sol qu'ils parvinrent à dompter et dans leur propre génie. C'est alors qu'avec leurs seules forces ils purent lutter avec succès contre Philippe II, qui leur opposait les richesses factices du Nouveau-Monde et ses armées mercenaires.

La France éclairée par les leçons du passé, par l'issue toujours malheureuse des entreprises du gouvernement et des particuliers dans les deux Indes, se désista prudemment de ses prétentions onéreuses sur les possessions de l'autre hémisphère, et renonça à ces comptoirs qui lui avaient coûté une nombreuse population et des sommes considérables. Les principes sur lesquels repose le commerce extérieur sont entièrement changés, et nous sommes guéris pour notre bonheur de la dangereuse manie de fonder la puissance commerciale sur le monopole et l'esclavage des peuples. La prospérité du pays tient à d'autres conditions, et elle ne peut désormais découler que de notre richesse industrielle et des encouragements que l'on doit accorder à toutes les classes manufacturières.

CHAPITRE IV.

Navigation nationale comparée avec la navigation étrangère. Mouvement des denrées des Indes en Europe. Sucre.

Les partisans d'une législation nouvelle sur les sucres font sur-tout valoir l'intérêt de la navigation nationale. Cet argument est réellement spécieux comme tant d'autres mis en avant par ceux qui appellent de tous leurs vœux la liberté exclusive du commerce, qui ne pourrait produire que de fâcheux résultats pour la France, principalement dans la situation actuelle de ses colonies.

Une nation qui comme la nôtre possède un grand nombre d'industries, qui peut livrer au commerce et à la consommation tous les produits qui leur sont nécessaires, une nation telle que la France, aussi riche en denrées brutes et en produits manufacturés, a besoin d'une législation large et protectrice, il est vrai, mais en même temps répulsive des productions de l'industrie étrangère, si elle ne veut pas interdire pour ainsi dire à ses habitants la libre consommation de ses propres produits. Quant à la consommation intérieure, il faut à la France une législation répulsive des denrées étrangères; autrement les Anglais, que je cite parmi plusieurs autres à qui la confection de leurs produits et de leurs marchandises des Indes coûte fort peu, puisqu'ils les obtiennent avec des bras esclaves, à qui ils coûtent d'autant moins qu'ils sont leurs propres courtiers et qu'ils se chargent eux-mêmes du transport sur leurs nombreux navires, les Anglais encombreraient la France de leurs produits, de leurs sucres par exemple, et, contrariant la vente des productions nationales, ruineraient le commerce et l'industrie de la France. Les Belges eux-mêmes, qui fabriquent à moins de frais que nous en raison de la plus grande rareté de leur numéraire, pourraient alors établir une concurrence funeste à notre industrie. Que deviendrait le système manufacturier de l'Angleterre, si elle n'adoptait pas une législation répulsive vis-à-vis de certaines branches de l'industrie française qui sont chez nous d'une exploitation plus avantageuse? que deviendrait la prospérité du commerce et de l'industrie en Angleterre sans ces lois qui mettent les conditions les plus dures à l'importation de quelques produits français et autres, et qui équivalent à une véritable prohibition?

Je reconnais avec tous les publicistes que le commerce intérieur, fondement de la richesse nationale, ne suffit pas à notre France trop riche de population et exubérante de civilisation; je ne puis pas me refuser d'admettre que c'est au commerce extérieur qu'il appartient de compléter notre existence sociale: mais avant de poser les bases de ce commerce extérieur, réclamé par les besoins de notre industrie et de notre commerce, il convient d'en apprécier toutes les chances et de peser mûrement tous les intérêts qui s'y rattachent. Il ne faut pas, comme au temps de nos rêves d'établissements dans les Indes et de nos spéculations illusoires, sacrifier à des espérances chimériques les intérêts positifs, et compromettre par des entreprises insensées l'existence du commerce intérieur et de l'industrie. C'est d'après un plan vaste et raisonnable que nous devons établir nos nouvelles relations commerciales; mais pour arriver au terme, pour réaliser nos conceptions, voyons si nous sommes en possession des moyens.

Sur quoi se fonde principalement le commerce extérieur d'une nation? ce n'est que sur une marine marchande, nombreuse, et en rapport avec la quantité des denrées et des marchandises que nous pouvons échanger; c'est sur une marine militaire assez importante pour faire respecter au besoin nos vaisseaux occupés à traiter des intérêts du commerce loin de la métropole et des moyens de défense qu'elle peut lui prêter immédiatement; c'est sur-tout sur les traités contractés avec les peuples marchands, et sur l'amitié et les intérêts que nous pourrions nous ménager. La bienveillance des nations liées à nous par des rapports de commerce et de mœurs est en pareil cas préférable à ces stations coûteuses que la métropole n'entretient qu'avec des dépenses énormes. Nous trouverions autant de sécurité et plus de bénéfice chez un peuple ami que dans nos possessions qui sont au-delà des mers, et qui sont pour nous plutôt un sujet d'alarmes qu'elles ne sont propres à nous rassurer.

Dans sa situation actuelle la France ne trouve pas les moyens convenables de jeter les fondements d'un commerce extérieur; cet embarras et ces obstacles tiennent aux vices de quelques parties de notre administration intérieure, et à ce défaut d'unité entre toutes les portions de la grande famille commerçante et industrielle. Au moindre bruit de quelque innovation, ou d'une mesure nouvelle à adopter dans le commerce, toutes les branches s'agitent, se séparent, la moindre diversité d'intérêt divise le commerce, et chacun est tout prêt à sacrifier à ses vues particulières les considérations d'intérêt public. Ainsi nous avons vu et nous voyons encore, depuis que la commission d'enquête est saisie de la question-sucre, les raffineurs, les colons, faire entendre des réclamations diverses et plaider différemment leur cause. Ici on ne tient compte du commerce que relativement à une fraction d'hommes, et on ne l'observe pas relativement au bien général de la nation. En Angleterre il en est autrement, et cette *unité* si nécessaire existe dans ce pays; c'est ce qui fait que dans ces contrées les affaires ont une allure plus franche et sont dans une situation plus prospère: c'est que tout ce qui est Anglais est nation, et que toutes les spéculations particulières viennent se confondre sans effort dans la spéculation et la politique administratives. Mais il y a d'autres raisons plus puissantes, plus matérielles, qui font la supériorité passagère de l'Angleterre, comme nation marchande, et qui doivent donner à son commerce extérieur une supériorité telle que de long-temps nous ne serons pas en mesure de nous mettre sur les rangs pour lui disputer le sceptre qu'elle tient dans l'Atlantique, la Méditerranée, et les mers du Nord: c'est sa marine marchande, qui se trouve aux deux bouts du monde, qu'on rencontre par-tout où il y a quelque chose à gagner, qui se charge de l'échange des produits des nations qui ne partagent pas l'empire des mers; c'est sa marine militaire toujours menaçante, et surveillant sans cesse toutes les démarches des nations maritimes qui lui portent ombrage; ce sont ses vastes possessions dans l'Inde et sur l'Océan, ressources à la vérité très passagères et qui ne tarderont pas à lui échapper; ce sont tous ces peuples à qui la politique anglaise impose ou fait aimer ses lois de commerce, qui contrarient puissamment notre commerce extérieur pour l'établir, et pour décider le développement de nos forces maritimes. Nous prétendons favoriser l'importation des sucres étrangers, nous voulons accorder une liberté de commerce presque entière, lorsque cette liberté ne protégerait que nos rivaux qui seuls sont dans une position à pouvoir profiter de ces changements. Le commerce des sucres que nous faisons avec nos colonies est d'une si faible importance, il est si peu utile à notre navigation, et la part qu'elle doit y occuper est si minime, que nous ne voyons pas quel espoir le gouvernement pourrait concevoir d'augmenter notre marine, en accordant aux productions coloniales une protection plus spéciale.

Deux nations se partagent aujourd'hui la domination des mers, l'Angleterre et l'Amérique, qui suivent en quelques points la politique de la

Hollande à l'époque où, pour me servir des expressions d'un ancien, celle-ci faisait consister toute sa puissance et toute sa force dans ses murailles de bois. La Hollande croyait avoir beaucoup gagné lorsqu'après un voyage de long cours entrepris pour le compte des autres elle avait pu suffire aux dépenses de la traversée avec le bénéfice de son fret; l'Angleterre et l'Amérique l'imitant ont principalement eu en vue de tenir la mer, et de s'assurer par-là que nulle autre puissance ne contre-balancerait leurs forces ; et en facilitant aux nations continentales le transport de leurs marchandises d'un monde à l'autre, de ne pas laisser naître en elles le desir de devenir aussi puissantes sur la mer, et de s'affranchir du tribut qu'ils sont quelquefois forcés de payer aux navires étrangers. Nous devons nous efforcer de sortir de cette dépendance funeste à l'activité de notre commerce; mais pour en sortir il ne faut pas diminuer nos ressources intérieures, seules garants d'une navigation forte, pour donner à nos rivaux un moyen de plus de donner plus d'extension à leur navigation : l'Angleterre et l'Amérique peuvent clandestinement se comporter avec nos propres colonies comme nous venons de le dire, en sorte que notre navigation profite fort peu du mouvement des sucres coloniaux. Les colons eux-mêmes, qui ne flattent la métropole que lorsqu'ils ne peuvent se passer d'elle, traitent peut-être de temps en temps avec l'étranger au détriment de nos intérêts maritimes. En effet la marine étrangère peut leur offrir de plus grands avantages que la nôtre en se chargeant de l'expédition de leurs produits ; l'Amérique, par la facilité de son voisinage, ayant tous ses moyens de transports disponibles et sous la main, est plus qu'aucune autre nation en état de s'entendre avec les colons, avec qui elle doit entrer d'autant plus facilement en relation que la conformité de mœurs est ordinairement plus grande. Le gouvernement compte sur une bien faible ressource pour étendre sa navigation, si son espoir est que le mouvement des sucres coloniaux nécessite un assez grand nombre de navires pour appuyer sa puissance marchande. Rien n'est plus incertain que les avantages que la France retire, sous le point de vue de la navigation, du commerce extérieur qu'elle fait à l'aide des productions coloniales. A peine quelques bâtiments, expédiés à de longs intervalles, viennent-ils en arrivant dans nos ports nous laisser soupçonner que nous sommes quelque chose comme nation maritime, tandis que l'Angleterre verse dans toutes les parties du monde les produits de ses sucreries des Indes. Nos armateurs sont découragés et craignent, en voyant le cercle étroit que parcourent actuellement les affaires, de se livrer à aucune entreprise sur mer. D'ailleurs ce n'est pas avec le peu de vaisseaux consacrés au mouvement de nos sucres que nous pourrions nous livrer à d'autres échanges dans l'autre hémisphère. Hé quoi! est-ce avec des avantages aussi faibles, avec des moyens si peu mesurés sur la grandeur de l'entreprise dans laquelle nous voulons entrer, que nous espérons arriver au succès? est-ce avec la faible navigation nécessaire au mouvement des sucres que nous prétendons appuyer nos vues sur le commerce extérieur? Est-ce enfin à l'aide du commerce qui bientôt ne sera plus que peu lucratif pour nos colons long-temps en possession du monopole, et qui tombe même depuis que la canne est cultivée sous plusieurs latitudes et que la betterave y supplée dans le Nord, que nous croyons pouvoir rivaliser avec les premières nations marchandes du globe? Donnons à notre commerce extérieur l'importance que comportent la dignité et la richesse de la France, mais cherchons à l'augmenter par des vues plus raisonnables. Que ce soit dans l'encouragement du système manufacturier en France que nous trouvions les moyens de faire prospérer notre navigation, en mettant plus de peuples en rapport avec notre industrie, en multipliant le nombre de ses tributaires.

Les colonies suffisent-elles à la consommation de la métropole? La question résolue négativement nous conduit à conclure que la part du pavillon français est très faible dans les relations que nous sommes forcés d'avoir avec le Brésil, l'Inde et les colonies espagnoles, pour nous procurer dans ces pays ce qui manque à notre consommation. Au Brésil, comme dans les colonies espagnoles et aux Indes, c'est encore l'Angleterre qui se charge d'une grande partie des achats et du transport des denrées; c'est elle qui ruine notre navigation, neutralise ses efforts par son système de cabotage. Une grande portion des denrées de luxe dont la civilisation nouvelle nous a fait un besoin nous parviennent par la voie de l'Angleterre, qui retire encore sur ces fournitures une commission fort avantageuse. L'Angleterre faisant une consommation énorme des produits des comptoirs et des colonies, et beaucoup plus considérable que la nôtre, est forcée d'employer une grande quantité de navires indispensables au transport de ses produits manufacturés destinés à l'échange commercial: c'est par la consommation qu'un peuple voit augmenter ses relations commerciales au-dehors. Diminuez ou découragez cette consommation; on a besoin de moins de bras et d'une moindre activité; les rapports de commerce périssent alors : tel serait l'effet produit par l'admission libre des denrées étrangères.

On se flatte que notre navigation pourrait s'accroître, et que nous pourrions entrer en concurrence avec l'Angleterre elle-même, en adoptant une législation moins répulsive relativement aux produits du Brésil, des colonies espagnoles et des Indes. En premier lieu il paraît impossible de supposer que l'Angleterre consente jamais à nous laisser participer aux bénéfices résultant du mouvement des productions qui sont fabriquées ou qui viennent dans les contrées soumises à son despotisme commercial; nous aurions donc pour toutes ressources de notre navigation dans les Indes *Pondichéry* et *Karikal*, sur les côtes de *Coromandel; Yanacon* et la forteresse de *Mazulipatnam*, sur la côte de *Serkan; Mahé* et le comptoir de *Calicut*, sur la côte de *Malabar; Chandernagor*, sur le golfe de *Cambaye*. Ce n'est pas dans ces pays que les sucres sont produits en plus grande quantité; notre navigation aurait donc peu de moyens d'être entretenue par cette denrée.

Ce sont principalement les comptoirs anglais des Indes qui fournissent à la consommation de la France. Ces établissements anglais entrent pour 40 à 45 millions dans notre consommation; le reste nous vient de nos sucreries indigènes, qui nous donnent en sucre brut à-peu-près le quart

4.

de nos colonies. Dans l'hypothèse que le gouvernement favorise de préférence les produits étrangers en réduisant leurs droits, nos fabriques indigènes, découragées et ne pouvant plus alors dans leur état d'enfance soutenir une concurrence ruineuse, cesseront leurs travaux; et les 5 ou 6 millions de sucre brut qui étaient fournis par les indigènes, et auxquels nos propres possessions d'outre-mer ne pourraient pas suffire, seront encore livrés à notre consommation par la voie de l'Angleterre. Ainsi en voulant donner plus de latitude à nos rapports commerciaux, en voulant ouvrir un champ libre aux spéculations étrangères, nous rétrécissons notre système de commerce, et nous bornons davantage nos relations au-dehors; nous nous enchaînons nous-mêmes de gaieté de cœur, nous paralysons les forces naissantes de notre négoce, en nous prêtant nous-mêmes à une mesure que le plus grand ennemi de notre prospérité eût prise dans son propre intérêt.

La réduction des droits sur les sucres étrangers, en même temps qu'elle contrarie les vues de l'administration sur l'extension à donner à notre navigation, nous dépouille encore d'une partie de nos droits, et met aux abois l'industrie nationale. Si tous les produits de la consommation faite en France sortaient des ports ou des pays dépendants de cette puissance, nous pourrions avec moins de dangers permettre à l'étranger de nous fournir ses denrées aux mêmes conditions auxquelles les indigènes sont astreints, parceque dans ce cas nous serions plus en état d'opposer une quantité à-peu-près égale de produits à la concurrence que l'étranger voudrait établir. Mais aujourd'hui notre denrée (le sucre) entre à peine pour moitié dans la consommation totale du pays; il s'ensuivrait que la marchandise de la métropole augmenterait de valeur en raison de sa rareté. Que serait-ce donc de cette marchandise, si le commerce étranger venait à se présenter librement sur nos marchés avec quatre fois plus de produits? Quelle perte énorme nos propres vendeurs ne feraient-ils pas, étant en présence d'un concurrent qui pourrait sans préjudice mettre au rabais un produit qu'il aurait en abondance? Admettant même que la France pût retirer de ses possessions d'outre-mer en produit brut de sucre autant que l'Angleterre sa rivale, cette dernière puissance, mieux servie par une marine plus nombreuse, plus à portée de multiplier et d'activer les placements, réduirait encore à l'impuissance notre commerce extérieur, partant toujours du principe que nous venons de poser, qui se chargerait du mouvement des sucres qui formeraient l'excédant de notre consommation, et auquel mouvement notre propre marine marchande suffit à peine. Je rencontre encore l'Angleterre qui nous apporterait sur ses vaisseaux toutes les denrées dont le transport ne pourrait pas appartenir à nos bâtiments, dont le nombre est loin d'être dans la proportion de la quantité de nos produits.

Nous avons une preuve frappante de l'impossibilité où nous sommes, au moins pour le moment, d'étendre notre navigation à l'aide de la liberté que la législation accorderait au commerce des sucres; nous avons, dis-je, une preuve frappante de cette impossibilité dans le commerce interlope de l'Angleterre, qui fournit à notre consommation des sucres qui ont pris naissance sous un ciel autre que celui de nos colonies, et qui les apporte même en France sur ses vaisseaux, qu'elle ne nous procure souvent que comme commissionnaire, et en allant les chercher dans des contrées où n'ayant pas porté son despotisme commercial elle domine par les traités. Comment pourrions-nous dans les circonstances actuelles entrer avec quelque avantage dans le mouvement des sucres étrangers, lorsque tout récemment nous avons vu nos propres armateurs refuser de fréter leurs bâtiments pour la Morée, quoique le gouvernement leur accordât pour le nolisement des avantages bien au-dessus de ceux qui sont octroyés aux navires étrangers chargés de nos transports dans la Gréce?

Il faut toujours que la consommation, la production et le système de navigation soient en rapport chez un peuple commerçant; car pour produire il faut encourager la consommation, et pour favoriser la production il convient d'avoir des moyens prompts, nombreux et faciles d'échange. On favorisera la consommation en ne décourageant pas les producteurs, par l'admission libre des mêmes produits étrangers; delà, pour l'ensemble du système commercial, la nécessité d'une législation sagement répulsive et équivalente à une demi-prohibition. Pour étendre la navigation et améliorer le commerce il importe encore d'accorder une protection spéciale aux produits indigènes, afin d'en rendre l'écoulement plus certain. Mais vouloir établir un système vaste de navigation en commençant par discréditer la production par l'abolition d'une législation répulsive, qui est la seule garantie du commerce des peuples, c'est se décider à ne jamais porter avec bénéfice sur des plages éloignées les tributs de notre sol et de notre industrie.

Ne nous abusons pas: jamais nous ne déciderons l'Angleterre à oublier son égoïsme et à modifier son génie de monopole; nous devons l'y forcer, et nous l'y forcerons en discréditant les produits de ses possessions d'outre-mer, en lui opposant les mêmes produits tirés avec abondance de notre propre sol. Je ne vois pas pourquoi nous lui ouvririons une porte par laquelle elle entrerait promptement pour nous porter de nouveaux coups. Il y a un moyen unique et puissant de donner de l'extension à notre navigation; c'est de faire tomber les denrées coloniales qui sont la principale source de la prospérité des Anglais, en y suppléant par nos propres richesses et nos productions, en détruisant le commerce interlope de l'Angleterre, en produisant et transportant nous-mêmes la durée que nous payons aujourd'hui si chère à nos rivaux. Avant de songer à étendre une navigation il est important de calculer dans quel état se trouve la production; ce n'est que de celle-ci que doit venir la navigation.

La marine anglaise profiterait seule du mouvement des sucres étrangers admis à notre consommation. Elle seule pourrait être chargée de nous apporter les sucres dont la compagnie des Indes fait le *courtage;* elle seule plus encore, lors de la destruction des lois répulsives, serait en possession du droit de nous expédier tous les produits qui ne viennent pas de nos possessions. Supposez un seul instant l'entrée des sucres libre; le sucre des colons diminue de valeur à cause d'un concurrent trop puissant, les vaisseaux anglais mêmes parviendraient peut-être à surprendre notre marine et à la frustrer de l'expédition de nos propres sucres coloniaux.

L'Angleterre offrant par la multitude de ses bâtiments une facilité très grande aux producteurs exploiterait presque exclusivement le mouvement, non seulement des sucres, mais encore de la plupart des denrées d'outre-mer, en établissant avec nos bâtiments une concurrence dangereuse pour le prix d'expédition et pour le commerce interlope.

Comment la France pourrait-elle alors concourir avec ses propres navires et dans une forte proportion à l'approvisionnement des entrepôts d'Europe? Où seraient d'abord ses pays de provenance, que fourniraient-ils? Ils ne nous donnent qu'une partie de notre consommation, et l'Angleterre est en possession de toutes les contrées où la denrée est produite. On pourrait se charger de son placement. Où sont les ports où la France ne rencontrerait pas le génie de l'influence anglaise? Où sont enfin les grands débouchés en Europe dont la France puisse disposer et où elle ne rencontre pas la puissance commerciale de l'Angleterre consolidée comme à Lisbonne, Lubeck, Hambourg, Livourne, Amsterdam, et tant d'autres entrepôts forcés du commerce anglais, ce comptoir de l'univers situé sur les confins des deux mondes, et mille autres débouchés considérables dont le cabinet de Saint-James s'est assuré depuis long-temps?

La France ne peut donc, quand même l'une des conditions principales de l'anéantissement de la législation répulsive serait remplie, quand même les forces maritimes seraient bien formées et plus considérables, la France ne peut trouver aucun avantage dans l'admission des sucres étrangers, et ne peut se trouver en mesure de tirer le moindre profit, en établissant ses propres entrepôts, de la liberté accordée au commerce des denrées des Indes, du Brésil, et des colonies espagnoles.

La situation commerciale de la France ne lui permettra jamais de s'occuper du commerce des sucres autrement que pour sa consommation; jamais cette puissance, d'après la marche actuelle des affaires et les destinées qui doivent changer la face d'un grand nombre de pays producteurs du sucre, jamais cette puissance ne pourra songer à entrer pour quelque part dans l'approvisionnement des peuples qui sont privés de cette denrée.

L'Angleterre avec ses comptoirs des Indes, avec la domination qu'elle exerce dans ces contrées, avec ses traités avantageux et son système d'accaparement de tous les sucres qui proviennent des lieux soumis à son empire, nous enlève tous les moyens de traiter avec les producteurs de l'achat de cette denrée précieuse, si ce n'est aux conditions qu'elle octroierait secrètement et moyennant les concessions favorables à son commerce qu'elle voudrait bien faire. Par-tout où l'Angleterre ne règne pas de fait, nos acquéreurs français ne trouveront pas plus d'avantages à entrer en concurrence avec cette nation; les opérations mercantiles ne se feraient encore dans ce cas que sous le bon plaisir du cabinet de Saint-James, qui a tout prévu, qui s'est tout attiré par l'adresse de ses négociations, et qui met les producteurs d'outre-mer dans la nécessité de vendre aux Anglais préférablement. Dans ces lieux où le génie du commerce anglais gouverne souverainement et dirige tous les échanges, les habitants ont un intérêt matériel à traiter directement avec les négociants anglais. Ceux-ci ont leurs vaisseaux tout prêts, et les marchandises se font pour ainsi dire de la main à la main.

L'Anglais, qui a le monde pour patrie, et qui appelle *Home* (son pays) tout lieu où il trouve à développer son esprit commerçant, l'Anglais est considéré comme un voisin par les peuples avec lesquels il traite: là où l'on trouve des mers se trouve l'Angleterre; ses vaisseaux la multiplient sur tous les points du monde; les habitants des pays producteurs vendent sans balancer leurs sucres à ceux qui présentent une garantie non équivoque et bien rapprochée, et qui peuvent leur en imposer en leur montrant de toutes parts les possessions qui les environnent. Pour ce qui concerne les échanges, les vendeurs de sucre, la plupart encore dans l'enfance de la civilisation, qui ont des besoins assez étendus, ne consultent que la facilité qu'ils ont d'échanger leurs denrées contre les marchandises qui leur sont nécessaires et que les comptoirs des Indes leur fournissent presque au comptant et immédiatement.

Séparés de tous ces peuples (le Brésil, les colonies espagnoles), et ne pouvant nous en rapprocher aussi aisément à l'aide de nos forces marchandes, ne pouvant pas non plus échanger aussi promptement, nous parvenons à peine à en tirer ce qu'exige la totalité de notre consommation.

Telle est la situation commerciale de la France dans l'état du monopole que l'Angleterre exerce dans les contrées d'outre-mer. Cette situation ne prendrait pas une tournure plus favorable à nos opérations en sucre, lors même que le monopole de l'Angleterre cesserait.

Les colonies soumises à l'autorité des Anglais, triomphant enfin de ces négociants tyrans, se comporteraient à leur égard, et à l'égard des autres peuples qui font les facteurs au-delà des mers, comme l'Amérique libre se comporte aujourd'hui, elles détruiraient tout commerce interlope, reprendraient pour leur propre compte les affaires que des mains étrangères étaient chargées de gérer, et ne voudraient se reposer que sur elles seules du soin de placer ou d'échanger les produits bruts ou manufacturés. A l'exemple de l'Amérique, on verrait s'élever rapidement une marine redoutable qui seconderait ces grandes vues. La France, loin de vouloir se mêler alors du courtage des sucres étrangers, devrait s'appliquer à trouver dans son sein de quoi compléter sa consommation, dans la crainte qu'un peuple régénéré, devenu en même temps producteur, vendeur, et consommateur, n'imaginât de donner plus de prix à une denrée précieuse dont le maniement lui appartiendrait. Les rapports de commerce que la France a actuellement avec les pays producteurs de sucre, notamment avec le Brésil, les Indes et les colonies espagnoles, ne peuvent pas s'étendre et ne s'étendent pas en effet au-delà des besoins limités de sa consommation; encore ces rapports commerciaux, peu considérables en eux-mêmes, sont-ils partagés et même en partie neutralisés par les relations mixtes de l'Angleterre, que nous rencontrons encore dans ces pays comme le centre et la régulatrice de toutes les affaires.

Ce qui arrête précisément les progrès du commerce de la France avec ces pays c'est qu'elle gêne son action spéculative dans le cercle trop étroit du commerce des sucres, dont l'Anglais ne se dépossédera pas, parcequ'il ne produit pas ces denrées, et tant que le monopole subsistera, et qu'elle veut inutilement faire.

La France liée par ses colonies, absorbée par elles, et obligée de consommer avant tout leurs produits pour qu'elles puissent se soutenir, est distraite de tout autre soin, détournée de toute autre vue commerciale et ne peut utiliser au commerce du Brésil et des colonies espagnoles (sans parler des Indes, dont il n'est plus question ici), à ce commerce plus lucratif, plus large et plus favorable à la navigation, les marins, les bâtiments, le système complet d'administration et les sommes énormes qu'elle occupe dans l'intérêt exclusif de ses colonies, et qu'elle leur sacrifie gratuitement. Avec cette fausse politique, la métropole rétrécit son commerce extérieur, l'affaiblit en se renfermant inutilement dans ses colonies, se met dans l'impossibilité d'agir et de s'étendre au loin.

Nous ne pouvons pas comme l'Angleterre, qui a la ressource de ses nombreux débouchés dans les pays de sa domination et dans ceux liés à son commerce, traiter avec les pays producteurs de l'achat des denrées considérées non comme aliment de la métropole, mais comme aliment du commerce extérieur. L'Angleterre spécule sur la consommation étrangère, et dépasse nécessairement de beaucoup dans ses achats la limite de la consommation nationale. Elle verse dans toutes les contrées amies ou soumises les produits de son industrie, dont la valeur est fixée par elle, et fait tous ses retours, eu égard au principe de sa constitution commerciale, en marchandises de toutes espèces. La France au contraire, qui n'a pas autant de facilités pour échanger ses produits dans les mers des Indes et de l'Amérique contre ceux de ces contrées, échange son numéraire contre les denrées de ces parages. Ce même numéraire, versé par la France et les autres peuples dont les rapports commerciaux sont bornés, sert aux indigènes à payer à l'Angleterre les produits de son industrie, qu'elle leur porte sur ses propres vaisseaux.

Lorsque nos armateurs ont approvisionné la métropole, le petit nombre de nos colonies, et le peu de pays dans lesquels nous pouvons traiter, le commerce extérieur se trouve en quelque sorte arrêté et les échanges se bornent alors à quelques spéculations isolées. Il s'agit de savoir comment la métropole se fait payer les produits de son industrie qu'elle porte dans les colonies et dans quelques pays sur ses vaisseaux. Nous retirerions sans doute quelques avantages à rapporter de nos colonies les denrées qu'elles produisent, et nous vivifierions par-là notre navigation ; mais bien des raisons contrarient le bénéfice que nous pouvons en espérer. D'abord notre navigation ne profite pas toujours de nos échanges avec ces contrées, et tous les produits de nos colonies qui refluent vers la métropole ne sont pas payés en marchandises; notre navigation ne se ressent donc véritablement du mouvement des denrées qu'à notre retour des colonies; ensuite le petit nombre de nos navires nous oblige souvent à ne pas faire nos retours en produits, et à nous faire payer en espèces ou en lettres-de-change sur l'Europe. Ce mouvement de fonds, qui remplace fréquemment le mouvement des marchandises, profite autant à l'Angleterre qu'à nous-mêmes, et n'enrichit chez nous qu'une classe de grands capitalistes. Je sens que ceux-ci ont le plus grand intérêt à ne pas encourager en France la production d'une denrée (le sucre) qui nous mettrait sous peu à même d'échanger produits contre produits, et nous rendrait moins dépendants des hommes à qui le système de banque est le plus profitable.

Le mouvement considérable de fonds qui se fait de la métropole aux colonies est encore une des raisons qui attachent un grand nombre de banquiers de Paris au maintien du système colonial. L'argent chez un peuple commerçant est bien la puissance du crédit, mais il n'est pas le principe alimentaire des échanges. Ce principe essentiel, c'est la production nationale. Dans l'intérêt d'une saine politique et d'une sage économie, nos propres denrées devraient être autant que l'argent la valeur représentative des marchandises que nous allons chercher au loin et de la richesse nationale. Pour cela il faudrait maintenir nos manufactures dans leur état de prospérité, et ne pas accorder la même mesure d'avantages qu'aux nôtres aux productions étrangères.

On trouvera encore le plus grand bénéfice en effectuant nos retours en marchandises; mais pour que ces retours soient productifs, pour que la consommation soit facilitée par eux, nous devons enfin nous décider à ne pas concentrer nos opérations commerciales dans nos colonies, et à ne plus traiter avec elles aux conditions qui sont avantageuses non à la métropole mais aux colons.

Toute industrie nouvelle qui tendrait à nous affranchir du tribut que nous payons aux pays d'outre-mer pour certaines denrées doit être encouragée; telle est l'industrie-sucre: si nous nous enlevons par-là un moyen d'échange, si le mouvement de la navigation perd de ce côté, il regagne beaucoup de l'autre. Nous conserverons à la circulation intérieure des fonds qui augmenteront le besoin et le desir des entreprises extérieures; nous pouvons par cette économie nous occuper de l'échange de produits autres que celui que nous possédons, et nos retours s'effectueront alors comme auparavant en nature.

L'accroissement de la richesse nationale, l'accroissement de nos produits qui deviendront presque nos seuls moyens d'échange, aideront nos relations extérieures. Mais pour que nos retours en marchandises puissent avoir lieu, pour que notre navigation s'améliore, nous devons étendre hors de nos colonies le cercle de nos opérations commerciales, et nous devons offrir aux pays d'outre-mer en paiement de leurs denrées les produits créés par notre industrie. Notre navigation ne reprendra la vie que lorsque notre commerce intérieur sera plus florissant, que lorsque nous remplacerons par le mouvement de nos denrées le maniement de fonds nécessaires à nos colonies, lorsqu'enfin nous aurons découragé le monopole des sucres qu'exerce l'Angleterre. Nous le favoriserons par le maintien des droits. Alors seulement nous pourrons trouver de l'avantage à effectuer nos retours en marchandises.

Dans l'état actuel des relations extérieures, la France n'est pas comparativement avec les autres nations assez favorisée par les traités et les réglements commerciaux pour accorder une liberté exclusive aux denrées étrangères. Les consuls Anglais sont dans les lieux de leur séjour les arbitres presque uniques des rapports de commerce. Par-tout l'Angleterre est étayée de ses tarifs d'évaluation qui bornent le commerce extérieur des autres peuples et étendent le sien.

Il nous paraît dangereux dans la situation des affaires d'apporter le découragement et la mort dans nos manufactures, et d'engourdir notre commerce en accordant sur nos marchés une plus grande faveur aux produits des possessions anglo-indiennes. La concurrence avec ces possessions sera impossible, aussi long-temps que les Anglais y domineront; c'est donc à nous de tarir les denrées de richesse de ce peuple et de discréditer quelques branches de son commerce extérieur en produisant chez nous quelques unes des denrées qui entretiennent à nos dépens ce commerce extérieur de l'Angleterre.

Le maximum de la production de nos colonies ne peut suffire à notre consommation, et nous sommes ainsi toujours à la merci de l'étranger qui vient compléter par ses importations ce qui nous manque. Ce maximum ne pourra jamais s'accroître si nous considérons bien que les colons fatiguent aujourd'hui le sol, et en exploitent tout ce qu'il est capable de produire avec les bras nombreux qu'ils mettent en action. D'ailleurs ni les lois oppressives qui font la régle du travail, ni les embarras du commerce colonial incapable de concourir avec les denrées étrangères, ni enfin l'énorme distance établie par la force des choses, ne permettront jamais à ce maximum de s'élever. Une année malheureuse, en diminuant quelquefois les produits des colonies d'un cinquième et d'un quart, en nous privant tout-à-coup des produits des colonies, met le consommateur dans une grande gêne, le place sous la dépendance de l'étranger, et autorise celui-ci à faire lui-même la loi dans la fixation de ses prix.

Lorsque nos colonies produisent peu, et que leur récolte n'est pas en rapport avec ce que consomme la métropole, et lorsqu'elles admettent clandestinement dans leur sein des marchandises étrangères francisées pour qu'elles puissent participer au privilége du commerce colonial, nous abandonnerons-nous aveuglément à nos colonies? Nous ne pourrons jamais faire des sucres une branche constante de commerce, d'abord parceque les pays producteurs ne rendent que pour la consommation, et souvent même au-dessous, au milieu des obstacles et des incidents dont la fabrication coloniale est environnée.

Le colon fabrique avec plus de frais que dans les autres colonies étrangères, à cause de la plus grande difficulté que nous avons de nous procurer autant de bras que les travaux en réclament, et à cause de la difficulté de s'occuper avantageusement de la traite, condamnée par l'humanité et par nos lois.

Il importe donc avant tout, dans cet état de choses, pour que les produits de nos colonies ne tombent pas, et eu égard à la plus grande facilité qu'ont les étrangers de fabriquer, de procurer sur nos marchés aux denrées de nos colonies une légère faveur, et de balancer, par un droit assez élevé sur les produits autres que ceux de nos possessions, l'élévation du prix que nos colons sont obligés d'admettre pour leurs marchandises. La prime de protection dont nos colons ont besoin doit donc être au moins de 10 centimes la livre. Cet ordre doit être nécessairement établi, autrement les colonies étrangères qui ne sont pas comme les autres soumises à des lois moins fixes, et qui ont une législation dépendante en quelque sorte de l'intérêt du producteur, et peuvent par conséquent rendre la main-d'œuvre plus facile et moins frayeuse, ne tarderaient pas à ruiner nos possessions.

La France est pour ainsi dire soumise à ses colonies dans les rapports commerciaux qu'elle a avec elles. Je veux bien qu'elle les force de consommer ses productions, mais à quelles conditions? La métropole attentive à les protéger et a les aider, leur facilite l'achat, en établissant un prix moyen qui augmenterait dans une progression considérable, si elle était libre de livrer ses marchandises à la concurrence, et si elle pouvait étendre ses rapports commerciaux et les échanges au-delà des colonies. Avec le commerce des colonies, il n'y a pas de liberté pour les producteurs. C'est encore le consommateur qui souffre de la nécessité où est la métropole de venir au secours de ses colonies, et de s'obliger de consommer seulement ses sucres. L'achat, calculé sur les besoins des producteurs, leur est ordinairement favorable, et empêche qu'on ne puisse aider la consommation par la réduction des prix qui s'ensuivraient si la métropole avait affaire à un plus grand nombre de vendeurs.

L'Angleterre se trouve dans une situation plus prospère dans ses rapports avec ses colonies; elle ne s'impose pas pour elles des sacrifices considérables; les spéculations, au lieu d'être faites dans l'intérêt exclusif des colonies, sont plutôt dirigées dans l'intérêt de la métropole. Si celle-ci échange avec ses colonies, l'échange lui est favorable. On ne fait pas dépendre la prospérité intérieure de la métropole de la prospérité des colonies, mais la prospérité du commerce colonial de celle du commerce intérieur. Les colonies alimentent la métropole, au lieu d'être alimentées par elle. Pour arriver à ce système, nous devons, au lieu de nourrir les bras paresseux qui sont les colonies, ranimer le cœur qui est l'industrie nationale, en l'encourageant d'une manière spéciale.

CHAPITRE V.

L'industrie-sucre considérée dans ses rapports avec les autres industries. Récapitulation.

La fabrication du sucre de betterave doit être regardée comme le détail le plus intéressant de l'agriculture; c'est la partie presque essentielle de cet art, eu égard à l'immensité et à l'utilité des rapports qu'elle peut lui procurer avec toutes les autres parties des arts: attaquer la fabrication, ruiner l'industrie nouvelle, c'est atteindre l'agriculture, c'est lui porter dans l'avenir le coup mortel. Le découragement qui ferait succomber nos fab ricants se communiquerait sans peine aux classes vouées à l'industrie et à l'agriculture, et les réduirait à une funeste inertie.

Dans les circonstances présentes, l'industrie-sucre ne peut se soutenir sans l'impôt qui pèse sur les sucres étrangers; la législation ne peut être changée à ce sujet aujourd'hui sans de fâcheuses conséquences; il y aurait moins de dangers à adopter la mesure dont il est question maintenant, il serait peut être même utile de la modifier dans quelques années, lorsque nos sucreries seront bien établies, lorsque leur nombre sera plus considérable; mais alors comme aujourd'hui l'administration devra bien se garder de toucher au système prohibitif, sans lequel le comcommerce ne peut offrir ni garanties ni prospérité. Le fisc ne perdrait pas de ses ressources, l'accroissement à venir des droits sur les sucres indigènes y verserait au contraire beaucoup; l'industrie profiterait alors au trésor en favorisant le producteur. Ces avantages, les seuls que l'on puisse obtenir sans blesser le droit commun et la justice, ne nous appartiendront qu'autant que la législation fixera, si elle le veut, les destinées de l'industrie, en établissant sur nos sucres indigènes de nouveaux droits dans la proportion de ceux qu'elle ferait peser sur les sucres étrangers, de manière que ceux-ci seront toujours plus élevés que les autres. Le but du législateur doit être de favoriser autant qu'il le peut le consommateur; eh bien, il réussirait, en se respectant et en respectant l'industrie par l'encouragement qu'il accorderait aux sucreries de betteraves. Le prix de cette denrée, produite sur notre sol, en deviendrait plus élevé, par l'effet de l'augmentation des droits sur les sucres indigènes; mais la concurrence que les encouragements feraient naître ne tarderait pas à amener une diminution notable dans le prix des marchandises, à cause du plus grand nombre de fabriques qui se formeraient. Un gouvernement ne parviendra jamais à établir une concurrence avantageuse aux sujets, en détruisant certaines conditions mises à l'entrée de quelques productions étrangères. Comment cette concurrence pourrait-elle profiter aux classes industrielles, si tous les marchés du monde venaient verser leurs produits dans le nôtre, relativement peu considérable?

Ce n'est pas en neutralisant l'activité nationale, et en donnant aux étrangers les forces qu'on nous ôterait, qu'on pourrait établir une concurrence utile. On ne réussira qu'en ouvrant un champ vaste aux spéculations et aux industries propres au sol; et lorsqu'enfin la prospérité des affaires aura augmenté de beaucoup la production, le cousommateur aura plus de facilités pour s'adresser à nos fabriques.

Toute industrie nouvelle, relativement à une industrie à-peu-près de même espèce exploitée chez nos voisins, se trouve dans une position telle, que si l'on n'apporte pas quelques obstacles à l'importation des mêmes denrées étrangères dont les procédés de fabrication sont mieux connus, plus faciles ou moins frayeux, la production nationale tombera dans le discrédit, et sera d'un débit peu aisé. Celui qui s'écarterait de ce principe fondamental violerait les droits les plus sacrés, tous les intérêts des nations, et romprait les liens et tous les rapports de commerce. Il est autant du devoir de la législation et du gouvernement d'encourager le débit des productions nationales par les restrictions qu'on apporte aux droits d'importation, qu'il est nécessaire à une mère prévoyante d'assurer l'existence à sa famille aussi long-temps qu'elle ne peut pas se la fournir, et de la protéger contre les entreprises des autres lorsqu'elle a de faibles moyens de résistance. Un système sagement répulsif ne diminuera pas le terme de l'importation (sur-tout lorsqu'il s'agit d'une denrée de luxe); la même affluence de marchandises se fera remarquer dans nos marchés, parceque le besoin de réaliser, et plus que tout cela la crainte des avaries, forceraient le commerce étranger de se soumettre aux conditions que notre législation lui imposerait..... Pourquoi le gouvernement aurait-il de nos jours moins d'égards pour les plus chers intérêts de la France, que les ministres de Louis XIV en avaient pour quelques intérêts privés d'un petit nombre de spéculateurs hardis, et pour favoriser des industries lointaines dont les résultats n'intéressaient les peuples que d'une manière indirecte? Serions-nous plus injustes envers la France que nous l'étions envers notre commerce des Indes au dix-septième siécle? Ici la question est bien plus grave, il ne s'agit plus de quelques sociétés particulières dans lesquelles le gouvernement avait son intérêt, il ne s'agit plus de sacrifier quelques avantages à la prospérité des compagnies, mais bien de favoriser notre propre industrie, d'encourager nos propres productions, ou de voir toutes ces sources réelles de richesses tout-à-fait épuisées, en ouvrant aux spéculations étrangères un champ aussi vaste qu'aux indigènes, et en mettant au pair la valeur des productions étrangères et celle des productions nationales, en égalisant pour toutes les charges, sans prendre en considération la préférence que le sujet doit avoir sur l'étranger, et aux droits plus impérieux qu'il a à la protection des législateurs et des chefs du gouvernement.....

Le véritable moyen de favoriser la consommation c'est d'aider la fabrication du sucre de betterave. L'industrie qui s'y rattache principalement, je veux parler de l'art d'engraisser les bestiaux, peut avoir les plus heureux résultats pour l'agriculture, et être d'un grand secours au consommateur, à cause de la plus grande quantité de bestiaux que l'emploi d'une nourriture abondante (la pulpe) permettrait d'entretenir, et à cause des réductions nécessaires que cette facilité de l'engrais amènerait dans le prix des bestiaux.

La situation de l'industrie-sucre est telle, vis-à-vis du pays et de presque tous les arts, que le gouvernement ne pourrait, sans imprudence, mettre nos fabricants dans la nécessité de fermer leurs usines en réduisant les droits étrangers. Nous allons exposer quels sont les droits et les intérêts qui seraient lésés par le découragement auquel on réduirait nos sucreries. Nous avons vu tout récemment s'établir dans les contrées où l'industrie nouvelle est le plus cultivée, autour de nos fabriques de sucre indigène, des usines dans lesquelles on s'occupe de la confection du noir animal, dont la consommation est considérable dans nos ateliers. Chaque jour ces fabriques de noir animal se répandent dans la proportion de l'accroissement des fabriques de sucre. Discréditez les sucreries indigènes, et les fabriques de noir animal partageront la même défaveur.

A cette industrie, accrue sur-tout et propagée par l'établissement des sucreries de betterave en France, je pourrais en ajouter beaucoup d'autres dont l'existence n'est pas moins dépendante de la production du sucre dans notre propre pays. Le découragement de l'industrie-sucre ne porterait pas un coup moins terrible aux manufactures dans lesquelles on compose les produits chimiques, dont le commerce fait chaque jour des livraisons considérables aux usines à sucre. L'art mécanique, peu connu en France avant l'impulsion que nos industriels ont donné au système manufacturier, et à l'exploitation du sucre de betterave plus particulièrement; l'art mécanique était pour ainsi dire dans l'enfance, il ne faisait que de faibles progrès, il produisait peu, parceque le besoin de forces puissantes, d'appareils économiques, ne se faisait pas encore sentir aux classes actives qui apportaient encore de la lenteur, de l'indifférence et une fausse réserve dans leurs opérations mercantiles. Les ateliers de fonderie, dans lesquels ne régnait qu'une activité passagère, ont pris tout-à-coup une vie nouvelle; des instruments perfectionnés, des appareils simplifiés et d'une grande énergie, en sont sortis pour abréger et augmenter le travail de nos fabriques. Déja l'augmentation progressive des sucreries en France a inspiré à quelques hommes ingénieux l'idée de monter de nouvelles fonderies. Nos départements en comptent déja plusieurs, dont l'origine est la conséquence de l'établissement d'un plus grand nombre de sucreries. Nous ne pouvons nous dissimuler que toutes ces industries qui se lient, et qui font aunuellement une immense consommation de charbon, ne contribuent puissamment à vivifier le commerce de houilles, et que, par suite de l'accroissement de la consommation, de nouvelles entreprises ne se forment pour exploiter les richesses cachées de la terre, et ne procurent à la France un nouvel aliment de commerce et d'industrie par l'augmentation de nos houillères et des autres richesses minérales.

Nous venons de reconnaître l'immense utilité de nos fabriques de sucre de betterave comme puissances du commerce et de l'industrie, nous ferons voir maintenant leur utilité eu égard aux perfectionnements auxquels elles peuvent donner naissance dans les sciences positives. Les chimistes qui ont sans cesse les yeux fixés sur l'industrie-sucre, et qui font journellement d'heureux efforts pour donner à la fabrication des principes plus certains et des régles moins variables, sont parvenus par leurs travaux, non seulement à enrichir la fabrication, mais même à étendre le domaine de la chimie générale. Des découvertes importantes ont déja été faites; des procédés nouveaux ont été introduits; les procédés imparfaits ont été perfectionnés; des agents plus puissants ont été mis au jour et adoptés, et une partie des obstacles ont été surmontés sous l'influence de l'industrie nouvelle, graces aux soins de nos savants.

La fabrication du sucre de betterave est devenue pour le chimiste une pratique de plus; cette manipulation nouvelle a mis l'observateur à portée de reconnaître les propriétés inconnues de quelques corps, et leur véritable manière de se comporter entre eux.

La difficulté même des travaux a excité le zèle du mécanicien; la concurrence établie dans son art a enhardi ses efforts et stimulé ses soins dans la confection des machines propres à la fabrication. Il est incontestable que depuis l'accroissement et l'importance qu'ont pris nos sucreries, l'art mécanique a fait des progrès sensibles. Le travail des machines a été mieux soigné, nous avons même vu apporter de grandes améliorations dans ce genre, et les chefs d'ateliers, hommes éclairés et plein de tact, en se rapprochant davantage de la physique générale, en consultant mieux ses lois, ont fabriqué des appareils plus solides et plus utiles, et ont même fourni les plus heureuses idées dans l'application de la vapeur comme puissance chauffante et comme puissance motrice. Il est de la dernière évidence que depuis le travail de la fabrication du sucre indigène les sciences, toujours préoccupées des besoins de cette fabrication, ont fait de très utiles découvertes. Sous le point de vue d'économie et sous les rapports scientifiques, l'industrie-sucre est un véritable bienfait.

Tant d'améliorations, de progrès, d'aisance et d'activité, qui sont les résultats de l'établissement de nos sucreries, ne suffisent-ils pas pour démontrer les avantages incalculables dont elles sont le développement et le principe? Le grand mouvement commercial imprimé par elles dans l'intérieur, l'activité et la puissance de l'industrie qu'elles ont fait naître, et par-dessus tout l'élan donné aux sciences, ne sont-ce point là des considérations assez larges, des intérêts assez forts, pour nous faire préférer une industrie solide et productive, une politique prudente et plus fixe, à des spéculations illusoires, à un système ruineux et oppresseur tel que celui des colonies?

Le découragement des sucreries indigènes, je dirai même leur destruction presque entière, produite par la réduction des droits sur les sucres étrangers, frapperait tout à-la-fois le haut commerce et la haute industrie dont elle diminuerait les grandes ressources; et ce qui est encore plus déplorable, elle achèverait la catastrophe, en portant l'oisiveté et la misère dans les rangs inférieurs du commerce et de l'industrie. L'interdit que la nouvelle loi de réduction lancerait sur nos fabriques de sucre indigène serait en même temps lancé sur la plupart des arts mécaniques. Le mécanicien, le fondeur, le chaudronnier, le ferblantier, le menuisier et tant d'autres artisans, atteints du coup mortel dans l'industrie-sucre, n'auraient plus qu'à fermer pour ainsi dire leurs ateliers, privés d'une partie de leurs ressources. L'architecte, l'entrepreneur, le charpentier et le maçon, qui trouvaient une existence honorable et des bénéfices assez considérables dans l'exercice de leur art, que réclamait le goût toujours croissant des classes industrielles pour les fabriques de sucre, verraient disparaître subitement les moyens d'employer utilement leur industrie.

Outre ces considérations, qui doivent être du premier ordre pour un gouvernement plein de sollicitude, nous pourrions en faire valoir de plus décisives; nous pourrions présenter les restrictions et les pertes apportées au commerce de fer, de cuivre et de plomb; nous pourrions montrer nos forges employant moins de monde, travaillant moins de matière brute, et versant dans le commerce moins de matière fabriquée. Ainsi la consommation des métaux employés ordinairement dans nos fonderies, qui égale une somme énorme, se trouverait tout-à-coup réduite à de faibles proportions. Notre système des mines lui-même perdrait si cette fatale réduction passait; les exploitations commencées ne seraient continuées qu'avec lenteur, et toutes celles projetées seraient arrêtées dans cet état de stagnation des affaires. On m'objectera peut-être que toutes les matières brutes ou fabriquées, appareils divers, machines, marchandises, dont nos sucreries ne pourraient plus faire l'achat, auraient un immense débouché dans nos colonies. La compensation serait bien faible, si même elle n'était pas entièrement nulle. En effet jamais nos colonies, dont nous connaissons le mode de travail, ne seront en état de prendre à la mère-patrie la plus petite portion des produits fabriqués et des instruments de fabrication dont nous faisons nous-mêmes usage dans nos sucreries. Jamais les colonies ne pourront offrir aux industries alimentées par les sucreries indigènes les moyens puissants qu'elles tiennent du mode de travail perfectionné propre à notre fabrication. Le mécanicien, le fondeur, le menuisier, l'architecte, ont fort peu à faire pour le fabricant colon, qui travaille avec les instruments grossiers dont la confection est surveillée par lui. Tous les frais des sucreries d'outre-mer consistent dans la main-d'œuvre; c'est là que les bras suppléent à toutes les forces inventées par l'industrie, et permettent même de se passer de celle-ci. Qui profite de cette manière de travailler, si ce n'est quelque colon, maître avide, qui s'attache à produire beaucoup par la force du bâton, et qui s'inquiéte peu que les autres industries ne se ressentent pas de l'activité de ses travaux et de l'élévation de ses gains? Au moins si nos sucreries rapportent à leurs propriétaires des bénéfices considérables, l'industrie en général n'est point étrangère à ce bien-être; d'énormes capitaux sont versés par nos sucreries dans toutes les industries qui leur sont utiles.

Avec nos colonies, l'échange du numéraire ou des marchandises contre les machines et les instruments de fabrication n'est rien en comparaison du nôtre; nos colons absorbent des sommes énormes et dépensent peu dans la métropole; ils gagnent beaucoup, et, avec leur manière de produire avec les bras seulement, ils économisent les produits de l'industrie nationale, paralysent les forces de celle-ci, et contrarient cette circulation qui est l'ame des affaires. Le plus souvent même, ce n'est pas à notre industrie que nos Antilles demandent le peu de machines que les sucreries des colons emploient, mais bien à l'étranger, à qui les colons paient ainsi l'intérêt des sacrifices que la métropole fait pour eux. Nos propres fonds ne rentrent pas toujours en France, et vont quelquefois enrichir l'Angleterre à nos dépens. Le colon doit peu consommer par sa situation, ayant à faire à des esclaves; et n'ayant pour ainsi dire que ses propres besoins et sa propre luxure à satisfaire, ce qu'il nous prend par voie d'échange est presque nul en comparaison des produits que nous lui achetons à grands frais; et tandis que nous alimentons son industrie, il emprunte peu à la nôtre; et si nous attendions après lui pour trouver des débouchés, nos marchés et nos magasins seraient toujours encombrés.

Raisons de politique, de commerce, d'industrie, et d'économie, tout fait une loi d'accorder une protection tout-à-fait spéciale aux sucreries indigènes. Les choses comme les personnes souffriraient beaucoup de toute autre situation amenée par une autre mesure. Une législation moins répulsive des sucres étrangers ferait sentir ses funestes conséquences du petit au grand, et affaiblirait les ressorts du gouvernement en même temps qu'elle diminuerait la dignité nationale et qu'elle ruinerait une grande portion des classes industrielle et ouvrière.

La nouvelle fabrication, au moment où elle commença à paraître, trouva le commerce et l'industrie dans une espèce d'inertie; c'est elle qui les a tirés, au moins dans le nord de la France, de cet état de souffrance, qui leur a donné de nouveau le mouvement, et qui les a soutenus de ses forces naissantes, et leur a communiqué le principe de vitalité dont elle était animée.

Telle est la propriété, tel est l'avantage de toute industrie naissante; elle ranime de son action toutes les autres qui languissent, et renouvelle les ressorts presque usés des relations commerciales. Le gouvernement a donc un intérêt sensible à seconder notre industrie-sucre, jeune encore de moyens et d'améliorations, et pleine d'avenir.

Il est impossible de revenir aujourd'hui sur la législation des sucres telle qu'elle est établie, sans qu'il en coûte des sommes énormes au gouvernement, et des larmes amères et les moyens d'existence à un grand nombre de familles. Près de 18 millions sont aujourd'hui employés dans la fabrication du sucre indigène. La réduction des droits sur les sucres étrangers rendrait bientôt inutiles ces capitaux considérables, qui travaillés par nos fabricants donnent lieu à un mouvement de 40 à 50 millions. Les pertes qu'occasionerait le discrédit inattendu de l'industrie, la non-valeur des mobiliers et des appareils, pourraient produire un déficit de plusieurs millions, ce qui suffirait pour ruiner une quantité de familles. Et, je le demande, qui entretiendrait toutes les industries vivifiées par les sucreries indigènes et qui seraient frappées par une législation plus favorable aux produits étrangers? Seraient-ce les colonies qui suppléeraient au manque de commandes et qui encourageraient des industries privées de leur principe de fécondité? Non, les colonies ne sont faites que pour produire, nous vendre, et recevoir notre or; et, loin de pouvoir consommer dans la proportion du besoin que la métropole a de se défaire de l'excédant de ses produits manufacturés, elles restreignent nos industries par l'impossibilité où elles sont de se charger du placement des objets qui sortent de nos manufactures, et par la nécessité où elles sont de surcharger la mère-patrie des productions sans nombre qu'elles exploitent elles-mêmes au détriment de l'industrie nationale.

Il est urgent de faire cesser un abus contraire à tous les principes de liberté; il serait en effet de la dernière injustice d'imposer à une nation les productions qui viennent hors de chez elle, et qu'elle pourrait se procurer elle-même sur son propre sol, si on lui laissait la latitude et la facilité du travail. En lui laissant jouir du droit de fabriquer elle-même la denrée qu'elle ne se procure qu'à grands frais, elle conserverait le numéraire considérable qu'elle est obligée de verser dans les mains des producteurs de sucre; les marchandises obtenues dans son sol seraient à un prix moins élevé à cause du conflit des affaires; les sommes qui lui resteraient donneraient plus de vivacité à la circulation.

La vente des sucres indigènes donnerait à notre commerce intérieur une activité étonnante; l'intérêt du numéraire placé dans la vente des sucres coloniaux fournirait de grands avantages en portant des fruits chez nous. Il résulterait cette différence, qu'un énorme capital absorbé par l'achat dans les colonies rentrerait dans la métropole, plus le capital que produirait la marchandise que nous aurions manufacturée, et dont la vente nous serait commise.

Sans la protection des tarifs, nos sucreries indigènes ne peuvent exister. Cette protection doit être entière et sans restrictions, si nous ne voulons pas que l'introduction libre des denrées étrangères ne produise sur nos marchés la ruine de nos fabricants. L'industrie d'un peuple réclame une faveur tout-à-fait particulière, souvent même préjudiciable aux produits manufacturés de l'étranger. C'est sur ces régles et sur ces données que repose la valeur de convention des produits des manufactures. L'admission libre des sucres étrangers, en diminuant le prix des denrées françaises, en déconsidérant le système manufacturier, en frappant le commerce extérieur dans son principe vital, et en procurant au commerce rival tous les avantages et tous les droits qui étaient propres au nôtre, écraserait l'industrie-sucre qui n'est pas encore fixée, et qui, jusqu'à ce qu'elle soit assez forte pour résister et entrer en concurrence, succomberait infailliblement avec le système sagement combiné des prohibitions.

www.ingramcontent.com/pod-product-compliance
Ingram Content Group UK Ltd.
Pitfield, Milton Keynes, MK11 3LW, UK
UKHW021118260726
13994UKWH00002B/932